Samia Addou

Effet du régime hyperprotéique sur l'épithélium intestinal

Samia Addou

Effet du régime hyperprotéique sur l'épithélium intestinal

Conséquences d'un régime riche en protéines animales sur la santé

Presses Académiques Francophones

Impressum / Mentions légales

Bibliografische Information der Deutschen Nationalbibliothek: Die Deutsche Nationalbibliothek verzeichnet diese Publikation in der Deutschen Nationalbibliografie; detaillierte bibliografische Daten sind im Internet über http://dnb.d-nb.de abrufbar.

Alle in diesem Buch genannten Marken und Produktnamen unterliegen warenzeichen-, marken- oder patentrechtlichem Schutz bzw. sind Warenzeichen oder eingetragene Warenzeichen der jeweiligen Inhaber. Die Wiedergabe von Marken, Produktnamen, Gebrauchsnamen, Handelsnamen, Warenbezeichnungen u.s.w. in diesem Werk berechtigt auch ohne besondere Kennzeichnung nicht zu der Annahme, dass solche Namen im Sinne der Warenzeichen- und Markenschutzgesetzgebung als frei zu betrachten wären und daher von jedermann benutzt werden dürften.

Information bibliographique publiée par la Deutsche Nationalbibliothek: La Deutsche Nationalbibliothek inscrit cette publication à la Deutsche Nationalbibliografie; des données bibliographiques détaillées sont disponibles sur internet à l'adresse http://dnb.d-nb.de.

Toutes marques et noms de produits mentionnés dans ce livre demeurent sous la protection des marques, des marques déposées et des brevets, et sont des marques ou des marques déposées de leurs détenteurs respectifs. L'utilisation des marques, noms de produits, noms communs, noms commerciaux, descriptions de produits, etc, même sans qu'ils soient mentionnés de façon particulière dans ce livre ne signifie en aucune façon que ces noms peuvent être utilisés sans restriction à l'égard de la législation pour la protection des marques et des marques déposées et pourraient donc être utilisés par quiconque.

Coverbild / Photo de couverture: www.ingimage.com

Verlag / Editeur:
Presses Académiques Francophones
ist ein Imprint der / est une marque déposée de
OmniScriptum GmbH & Co. KG
Heinrich-Böcking-Str. 6-8, 66121 Saarbrücken, Deutschland / Allemagne
Email: info@presses-academiques.com

Herstellung: siehe letzte Seite /
Impression: voir la dernière page
ISBN: 978-3-8416-2854-1

Copyright / Droit d'auteur © 2014 OmniScriptum GmbH & Co. KG
Alle Rechte vorbehalten. / Tous droits réservés. Saarbrücken 2014

Conséquences de l'adaptation à un régime hyperprotéique sur la structure de l'épithélium intestinal chez le rat Wistar

Protéines animales et protéines végétales dans l'alimentation

TABLE DES MATIERES

Résumé..5
Abstract...7
Liste des abréviations..9
1. Introduction..12
2. Données bibliographiques................................17

2-1. Les protéines alimentaires..........................17

    2-1.1. Propriétés nutritionnelles des protéines alimentaires.. 17

    2-1.2. Influence d'une augmentation de l'apport protéique sur la prise alimentaire...24

    2-1.3. Conséquences métaboliques des régimes riches en protéines 26

    2.1.4. Modifications hormonales au cours de l'adaptation à un régime hyperprotéique..28

        2-1.4.1. La leptine..30

        2-14.2. Insuline et glucagon...............................30

        2-1.4.3. La cholécytokinine (CCK).......................32

2-2. L'intestin grêle et la digestion et l'absorption des nutriments et des protéines 33

    2-2.1. L'intestin grêle..33

    2-2.2. La digestion et l'absorption par l'épithélium intestinal des protéines et l'adaptation des processus digestifs aux différents apports protéiques alimentaires.................41

    2-2.3. Physiologie de l'absorption et la sécrétion de l'eau et des électrolytes dans l'intestin grêle............................44

    2-2.4. Conséquences des régimes riches en protéines sur l'intestin..46

2-3. La barrière muqueuse immunologique........48

    2-3.1. L'organisation des cellules immunologiquement compétentes..49

2-3.2. Transmission de l'information antigénique au système immunitaire digestif et tolérance orale..................52
2-3.3. Régimes protéiques et système immunitaire...........54
3. Matériel et méthodes...................57
3.1. Animaux, régimes et bilans nutritionnels......................57
- Animaux..................57
- Régimes..................57

3.2. Bilans nutritionnels..................62
3.3. Analyses biochimiques..................62
3-3.1. Dosage des protéines totales de lait..................62
3-3.2. Electrophorèse des protéines..................65
3.4. Prélèvements sanguins..................65
3.5. Dosage des IgG sérique anti protéines de lait..................65
3.6. Sacrifice des animaux..................69
3.7. Etude histologique..................69
3-7.1. Préparation des échantillons..................71
3.7.2. Coupe, étalement des coupes et coloration (nucléaire et topographique générale)..................73
3-7.3. Mesure des villosités intestinales..................76
3.8. Mesure du courant de court-circuit en chambre de Ussing..................79
3.9. Analyse statistique..................82
4. Résultats..................85
4.1. Analyses biochimiques des protéines totales..............85
4.2. Influence des régimes hyperprotéiques à base de PLT, Soja ou Gluten sur la prise alimentaire et le poids corporel..................85

4-2.1. Influence du régime hyperprotéique contenant de la PLT sur la prise alimentaire, le poids corporel et le poids des organes..87

4-2.2. Influence du régime hyperprotéique contenant du soja et du gluten sur la prise alimentaire, le poids corporel et le poids des organes............................95

4-3. Bilan azoté (BA) des régimes normoprotéique P et hyperprotéique P50PLT..105

4-4. Evaluation des titres des IgG sériques anti protéines du lait...105

4.5. Etude histologique..104

4-5.1. Villosités intestinales des groupes des rats ayant ingérés des régimes normoprotéique (P14% PLT) et hyperprotéique (P50%PLT) 109

4-5.2. Villosités intestinales des groupes des rats ayant ingérés des régimes normoprotéique (P14,5% Protéines végétale) et hyperprotéique (G50% et S50%).........110

4-6. Effet des protéines totales du lait sur le courant de court circuit en chambre de Ussing......................................117

5. Discussion...122

5.1. Influence du régime hyperprotéique (PLT,Gluten,Soja) sur l'évolution de la prise alimentaire et la composition corporelle

5.2. Influence du régime hyperprotéique sur le poids des organes..125

5.3. Bilan azoté des régimes normoprotéique P14et hyperprotéique P50 PLT...128

5.4. Evaluation des titres IgG sériques anti protéines du lait..129

5.5. Influence des régimes hyperprotéiques sur la muqueuse intestinale..130

5.6. Effet de l'interaction des protéines totales de lait, β-Lg et caséines sur la fonction intestinale des rats ayant consommé le régime hyperprotéique..132
Conclusion...135
Références bibliographiques..................................128
Annexe des photos histologiques ....……….159

RESUME

Les protéines alimentaires se trouvent principalement dans des aliments traditionnels d'origine animale et végétale. L'évaluation de la qualité nutritionnelle de différentes sources de protéines alimentaires consiste à mettre en relation les caractéristiques de l'apport alimentaire et les caractéristiques de la demande métabolique concept relatif à l'état de l'individu. La recommandation de base WHO/UNU est de 0,8g /kg /j de protéine de bonne qualité pour l'homme adulte. L'objet de ce travail est d'évaluer les conséquences d'une adaptation à un régime hyperprotéique sur des modifications fonctionnelles et morphologique chez le rat en croissance. Plus particulièrement, on a analysé les effets d'un régime à 50% en protéines sur l'évolution du poids corporel, le poids de certains organes ainsi que sur la structure intestinale du rat. Dans ce but, 96 rats mâles de souche wistar pesant entre 175 et 185g (180±2,27g), sont répartis en 5 groupes : le 1er groupe (n=30) reçoit un régime normoprotéique à base de protéine totale de lait (14%) et constitue le groupe témoin, le 2ème groupe (n=30) reçoit un régime hyperprotéique (50%) à base de protéine totale de lait, le 3ème groupe (n=12) reçoit un régime normoprotéique (14,5%) à base de protéine végétale onab , le 4ème groupe (n=12) reçoit un régime hyperprotéique (50%) à base de protéine de soja, le 5ème groupe (n=12) reçoit un régime hyperprotéique (50%) à base de gluten. Tous ces régimes sont administrés pendant 60 jours, durée de l'expérimentation. Les résultats montrent qu'une surconsommation de protéines s'accompagne d'une diminution significative du poids corporel et d'une modification de la structure histologique de l'épithélium intestinal qui se traduit par une atrophie villositaire et par une augmentation des lymphocytes intra-épithéliaux. Ces modifications seraient la manifestation de phénomènes induits par l'exposition chronique de l'épithélium intestinal à des teneurs élevés en protéines. Nous avons conclu qu'une surconsommation de protéines n'est pas sans conséquence sur la composition corporelle et la fonction intestinale. Il convient donc d'observer une certaine prudence dans l'utilisation à long terme de formules diététiques enrichies en protéines chez l'homme.

Mots clés : Rats, régime hyperprotéique, protéines totales de lait, soja, gluten, comportement alimentaire, intestin, fonction intestinale, lymphocytes intra épithéliaux (LIE), atrophie villositaire.

Abstract

Dietary proteins are derived from animal and plant food stuff. The evaluation of the nutritional quality of dietary proteins of different sources consists of relating the characteristics of food intake and energy requirement of the organism. The recommendation by WHO/UNU is of 0.8g/kg/day of high quality protein for the adult man. This work aims to evaluate the consequences of a high-protein diet on the functional and morphological modification in the growing rat. In particular, we measure the effect of a 50% protein diet on body weight, weight of several organs and intestinal structure. For that purpose, 96 male wistar rats weighing between 175 and 185g (180±2,27g) are divided in 5 groups. The 1st group (n=30) receives an average-protein level diet (14%) and constitutes the control group. The 2nd group (n=12) receives an high-protein diet (50%) The 3rd group (n=12) receives a diet based on plant proteins (14.5%) the 4th group (n=12) receives a diet based on soya (50%) the 5th group (n=12) receives a diet based on gluten (50%). All diets are administered during a period of 60 days. Our results show that a high intake of dietary proteins results in significant body weight loss and causes modification of the histological structure of the intestinal epithelium, with an atrophy of the villaea accompanied with an important increase of intra-epithelial lymphocytes.2These modifications could be the consequence of toxic reactions induced by a chronic/regular exposure of the intestinal epithelium to high levels/quantities of proteins. We conclude that an over-consumption of proteins has consequences on the body composition and intestinal function. Therefore, the long-term use of high-protein diets in man should be monitored more closely.

Key words: Rats, high-protein diet, complete milk proteins, soya, gluten, food-habit, intestine, intestinal function, intra-epithelial lymphocytes (IEL), villi atrophy.

Liste des abréviations

AA	Acide (s) aminé (s)
ATP	Adénosine trophosphate
BA	Bilan azoté
BI	Bilan I
BII	Bilan II
BIII	Bilan III
CCK	Cholecystokinine
CUDN	Coefficient d'utilisation digestive apparente de l'azote
DDP	Difference de potential
Elisa	Enzyme linked immuno sorbent assay
FAO	Food and Agriculture Organization
G	Conductance
(Gx)	Grossissement fois
G50	Régime alimentaire hyperprotéique contenant 50% de protéines de blé (gluten)
HP	Hyperprotéique
Isc	Courant de court-circuit
JgA	Immunoglobuline A
IgE	Immunoglobuline E
IgG	Immunoglobuline G
Jms	Flux du coté muqueux au coté séreux
KJ	Kilo Joules
LIE	Lymphocytes intra-épithéliaux
NP	Normo-protéique
OPD	Ortho-phénylène-diamine
PLV	Protéines du lait de vache
P/E	Rapport de protéines ingérées sur la prise énergétique totale

P14PLT   Régime alimentaire équilibré contenant 14% de protéines de lait totales

P50PLT   Régime alimentaire hyperprotéique contenant 50% de protéines totales du lait

PLT   Protéines de lait totales

P50G   Régime alimentaire hyperprotéique contenant 50% de protéines de gluten

P50S   Régime alimentaire hyperprotéique contenant 50% de protéines de soja

INTRODUCTION

1- INTRODUCTION

Dans les sociétés occidentales, les régimes alimentaires sont fréquemment caractérisés par des apports protéiques relativement élevés. En effet, les recommandations d'apport sont pour l'homme adulte de 0,83g/kg/jour, et les études épidémiologiques rapportent des consommations moyennes de 1 à 2 g/kg/jour, ce qui correspond au double des recommandations établies (FAO/WHO/UNU 1985, 1990 [1, 2, 3]). Ces 20 dernières années, le développement de l'épidémiologie descriptive et des enquêtes alimentaires a en effet permis de mettre en évidence une augmentation de la consommation de produits d'origine animale et de matière grasses dans tous les pays occidentaux, se traduisant par des ingestions de 1 à 2 g/kg/jour de protéines dans les pays industrialisés, ce qui correspond à une surconsommation de protéines par rapport aux recommandations estimées à 0,83 g/kg/jour [1]. Sur le plan nutritionnel, la consommation à long terme d'un régime riche en protéines fait l'objet de discussions et de controverses. Il semble que les conséquences de la consommation d'un régime hyperprotéique soient encore mal établies, et surtout que la limite supérieure tolérable de l'ingestion protéique reste à déterminer.

Les régimes hyperprotéiques sont de plus en plus répandus. Leurs conséquences à moyen terme sont variables. Ils sont bénéfiques à la protection contre les infections de la petite enfance [4]. Chez la personne âgée, ils aident à augmenter la masse maigre et la force musculaire [5]. En outre, ils auraient un effet hypotenseur, potentiellement bénéfique à la fonction cardiovasculaire [6]. Certaines études rapportent des effets positifs sur la composition corporelle, la tolérance au glucose, ou le métabolisme des lipides. Les régimes hyperprotéinés sont de plus en plus utilisés dans l'optique d'une perte de poids ou en complément alimentaire pour les performances sportives, et peuvent être également utilisés dans un but thérapeutique dans le cas d'hyperinsulinémie associée à l'obésité [7]. Les régimes hyperprotéiques pauvres en glucides favorisent en effet une réduction de la masse adipeuse en augmentant la part des lipoprotéines HDL circulantes [8]. En conséquence, l'industrie agroalimentaire produit, développe et distribue de plus en plus largement des aliments hyperprotidiques (dont la part de protéines peut constituer jusqu'à 70-80% de la matière sèche). Ces aliments sont utilisés comme compléments alimentaires destinés à renforcer les performances sportives des athlètes dits « de force » (haltérophiles, body-buildings, etc.), ou comme base aux régimes amaigrissants cétogènes [9].

Cependant, ils auraient également des conséquences potentiellement négatives et certaines publications décrivent des effets indésirables des excès protéiques [10]. Ces effets concernent le développement et la composition corporelle, la fonction cardiovasculaire et le stress oxydatif [11]. Ils sont susceptibles d'accentuer les lésions rénales chez le patient insuffisant rénal [12]; à l'inverse il n'a pas été mis en évidence d'effet délétère direct sur la fonction rénale de l'individu sain. Des études rapportent aussi une influence sur la fonction osseuse qui pourrait se traduire par une déminéralisation et une fragilité osseuse [13]. La consommation à long terme d'un régime riche en protéine a été incriminée dans la proportion d'individus en surpoids dans ces pays industrialisés. Ce serait un facteur d'obésité lorsqu ils sont consommés dans la petite enfance [14, 1]. Certaines études épidémiologiques mettent en avant une liaison entre la consommation de protéines dans l'enfance et la prédisposition à l'obésité à l'âge adulte [15, 16]. De ce fait, Scaglioni et al., (2000) [17], ont émis l'hypothèse que l'ingestion d'un régime trop riche en protéines trop tôt au début de la vie, pourrait favoriser le développement de l'obésité.

Notre travail de recherche aborde plusieurs aspects liés à l'ingestion de régimes riches en protéines chez le rat. Parmi les différents tissus, on ignore les effets à long terme d'une surconsommation de protéines sur la structure de la muqueuse intestinale et sur la fonction intestinale. Dans nos travaux antérieurs nous avons observé une atrophie de la muqueuse intestinale des lapins immunisés à la β-lg (bétalactoglobuline) avec une importante infiltration lymphocytaire [147].

L'organisme possède de fortes facultés d'adaptation lesquelles, lorsque l'individu est en bonne santé, autorisent ce dernier à consommer des taux protéiques variés. L'adaptation à un régime met en jeu le métabolisme intestinal et le métabolisme de l'entérocyte qui s'adapte également en fonction de l'afflux protéique luminal. L'adaptation à un régime hyperprotéique implique donc des changements profonds, un régime P50 entraîne une augmentation du poids de l'intestin grêle particulièrement la muqueuse intestinale proximale, suggérant que celle-ci résulte de l'augmentation de la hauteur villositaire intestinale [8] et c'est dans ce contexte que s'inscrit notre travail de recherche, qui vise à évaluer les conséquences de l'adaptation à un régime hyperprotéique à long terme [18], 60jours d'expérimentations et voir si ces protéines ingérés ont un effet délétère sur la structure Intestinale. Nous avons évalué l'efficacité nutritionnelle d'un régime hyperprotéique dont 50% de l'apport énergétique provient de protéines par rapport à un régime normoprotéique à 14% et l'influence de ce régime sur l'évolution du poids et de la prise énergétique. On a étudié les capacités d'adaptation au régime hyperprotéique de la zone splanchnique et de la fonction intestinale en particulier sur la base d'une étude histologique et d'une étude in vitro par la méthode de la chambre de Ussing. Nous pensions que l'ingestion chronique à doses élevées de protéines du lait pendant 60 jours pourrait entraîner une immunisation orale des animaux. C'est pourquoi, la réponse immune a été évaluée au niveau muqueux intestinal et au niveau systémique par la recherche d'anticorps spécifiques. Nous avons plus particulièrement analysé les capacités d'adaptation de la fonction intestinale, sur la base de plusieurs paramètres importants : mesure de la hauteur villositaire et infiltration intestinale par les lymphocytes intra-épithéliaux, et étude en chambre de Ussing de l'interaction du système immunitaire associé au tube digestif avec des protéines du régime administrées aux rats. Il reste à élucider les mécanismes responsables de la modification de la fonction intestinale et en particulier ceux de l'atrophie villositaire intestinale et de l'augmentation des LIE. S'agit-il d'une action directe des protéines qui agissent par un effet toxique sur l'épithélium intestinal ?

Données Bibliographiques

2- DONNEES BIBLIOGRAPHIQUES
2-1. Les protéines alimentaires

Les protéines sont formées de carbone, d'hydrogène, d'oxygène et d'azote et sont classées en homoprotéines, qui contiennent uniquement des acides aminés, et en hétéroprotéines, constituées d'acides aminés et d'autres composés associés appelés «groupements prosthétique» contenant par exemple: soufre, fer (hémoglobine), phosphore (caséine du lait), glucides. Les protéines alimentaires ne constituent pas un groupe particulier de protéines mais sont les protéines que l'on trouve dans les matières premières consommées par l'homme. Ce sont les aliments d'origine animale (viande, poisson, œuf, lait et produits laitiers) et les sources végétales (céréales, légumineuses, légumes ; tubercules et fruits). En outre, des sources de protéines extraites purifiées se développent au niveau industriel (protéines de lait, protéines végétales). Les protéines représentent environ 15% de la masse de notre organisme. Cette masse protéique varie chaque jour de quelques grammes, elle diminue à jeun (perte azotée) et est reconstituée au cours des repas [19].

2-1.1. Propriétés nutritionnelles des protéines alimentaires

Au niveau mondial, les céréales représentent la plus importante source de protéines alimentaires (50-60%), viennent ensuite les tubercules et les légumineuses (20-25%), puis les protéines animales (20%). Nous prendrons comme exemple les protéines de lait, de soja, et de blé.

Parmi les protéines animales consommées on trouve celles issues de la viande, du poisson et du lait. Ce sont des protéines considérées comme ayant une valeur nutritionnelle élevée. Ainsi, les protéines de lait (protéines totales, caséines et protéine de lactosérum) renferment en proportion adéquate tous les acides aminés indispensables pour l'homme adulte. Elles sont une source importante d'azote et d'acides aminés pour l'enfant et l'adulte et sont généralement considérées comme des protéines de haute qualité nutritionnelle, présentent une digestibilité et une valeur biologique élevée [20]. Les protéines laitières sont donc d'une très bonne efficacité nutritionnelle et cette efficacité n'est pas remise en cause par les traitements technologiques que peut subir le lait dans sa transformation lorsque ces traitements sont correctement appliqués.

Le soja est une légumineuse cultivée comme l'arachide, le haricot, le pois. Le soja a pour nom scientifique Soja hispida, c'est une plante grimpante de la famille des *Fabacées* et de la sous-famille des *Papillionacées*, dont la graine est une fève oléagineuse, jaune et ronde. Le haricot de soja est une source appréciable de protéines (40%) de glucides (38%) de lipides (18%) et de sels minéraux (18%) (figure 1). Elle présente une teneur relativement faible en graisses saturées (environ 15%), et est riche en graisses insaturés, soit 61% d'acides gras polyinsaturés et 24% de monoinsaturés. Certains des acides gras polyinsaturés présents sont essentiels comme l'acide linoléique et l'acide α-linolénique [21, 22]. Le soja est de plus en plus consommé en France ; ses graines subissent une chaîne de transformations industrielles pour donner des protéines dérivées de plus en plus variées [21]. La fraction lipidique est exploitée pour la production d'huile de soja. Dans ces lipides, la lécithine possède une place à part pour son pouvoir émulsifiant ; cela permet la fabrication de margarine. Les dernières recherches tendent à démontrer que la consommation de soja contribue à diminuer les symptômes de la ménopause, à réduire les risques de calculs rénaux. Plusieurs auteurs ont suggéré que la substitution d'une partie des protéines animales par des protéines végétales, notamment celles du soja, pourrait améliorer une fonction

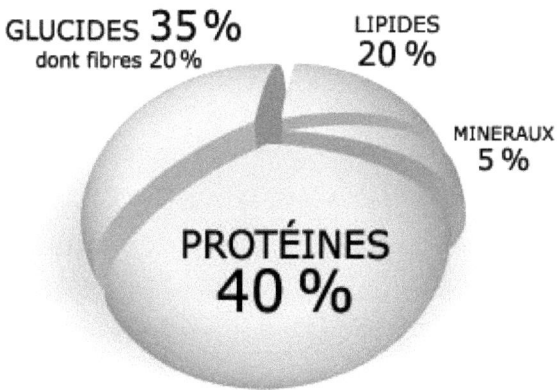

Figure 1 : composition du soja

rénale défaillante (par exemple chez les sujets diabétiques de type 2 [23].Le gluten est la masse de protéines restante après extraction de l'amidon du blé. Par la suite l'usage de ce terme a été étendu à l'ensemble des plantes graminées (blé, orge, seigle, avoine, mais, riz, canne à sucre...). Le gluten est constitué d'un certain nombre de protéines, surtout de gliadine et de gluténine. Il est utilisé comme base dans la fabrication des poudres et des crèmes cosmétiques [24]. Le gluten de blé est utilisé dans la fabrication de plusieurs produits de boulangerie, les céréales, les pâtes. Il contient par ailleurs de la lécithine et de la zéine qui sont des protéines utilisées dans le domaine médical [25]. L'intolérance au gluten est une maladie de l'intestin qui se manifeste lorsque l'organisme ne le tolère plus (maladie coeliaque), les composants toxiques de cette maladie sont certaines prolamines présentes en importantes quantités dans : l'α-gliadine du blé; l'hordénine de l'orge); la sécaline du seigle....qui sont responsables de la réponse inflammatoire et auto-immune intestinale de la maladie coeliaque avec forte production d'anticorps anti-endomysium et anti-tranglutaminase de type IgA. Cependant le(s) peptides(s) du gluten responsable(s) d'une telle réponse auto-immune menant à l'atrophie villositaire avec augmentation du nombre de lymphocytes intra épithéliaux T, CD8+. Si le patient coeliaque consomme régulièrement un aliment contenant du gluten; la paroi de l'intestin grêle est endommagée et perd sa capacité d'absorber les nutriments essentiels tels que les graisses, les protéines, les glucides et les vitamines et sels minéraux. La seule issue pour le coeliaque c'est d'exclure de son alimentation le gluten : ainsi l'intestin retrouve son aspect normal et les symptômes disparaissent.

La valeur nutritionnelle d'une protéine alimentaire peut être définie comme son aptitude à satisfaire les besoins alimentaires tel que souvent pratiqué besoins quantitatifs de l'organisme en matière azotée [26] pour couvrir ses besoins d'entretien, et éventuellement de croissance ou de lactation. Les apports protéiques recommandés tiennent compte du facteur de variabilité individuelle concernant le besoin. En cas d'alimentation avec un seul aliment tel que souvent pratiqué. Pour le rat, la moindre qualité nutritionnelle de certaines protéines (par exemple le gluten) sera compensée quand l'aliment en contient une teneur suffisamment haute pour couvrir les besoins en AA de l'animal [27].C'est le cas des régimes hyperprotéiques fabriqués à partir du soja ou du gluten. De nombreuses protéines végétales contiennent une faible quantité d'un acide aminé donné. Par exemple, les céréales tendent à être faibles en lysine, alors que les légumineuses le sont en méthionine. La disponibilité biologique des acides aminés représente un facteur particulièrement important de la qualité nutritionnelle des protéines alimentaires [28].

Les régimes dits « normo-protéique » permettent de satisfaire le besoin énergétique et le besoin en azote et en acides aminés essentiels pour assurer les synthèses protéiques corporelles. Dans le cas des régimes « hyper-protéiques », la teneur en protéines (même équilibrée) est excessive. Cet excès correspond à l'ingestion d'un régime contenant au minimum 40% du total de l'énergie ingérée [29]. Enfin, un régime « sans protéine » ne contient strictement aucune protéine. Sur la figure 2, sont représentées, très schématiquement, les limites tolérables d'ingestion entre lesquelles un individu ne souffre ni de carence par insuffisance d'apport, ni d'excès d'apport protéique [30].

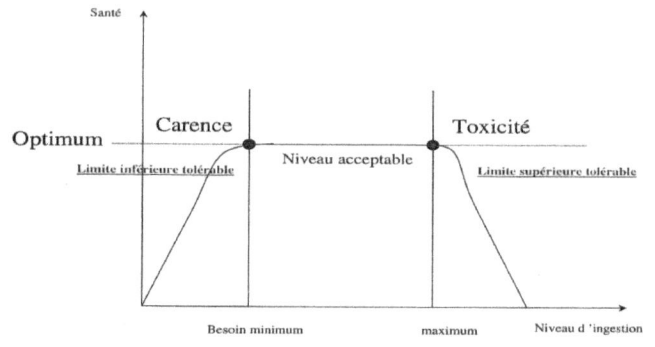

Figure : Consommation alimentaire et adéquation nutritionnelle

Figure 2 : Les limites tolérables d'ingestion entre lesquelles un individu ne souffre ni de carence par insuffisance d'apport, ni d'excès d'apport protéique

2-1.2. Influence d'une augmentation de l'apport protéique sur la prise alimentaire

Parmi les mécanismes physiologiques qui régissent la satiété, il existe des événements à court terme, à moyens terme et à long terme.Les évènements de court terme sont ceux qui interviennent au cours d'un même repas, et les évènements à moyen terme sont ceux qui dépendent des processus métaboliques (majoritairement liés à l'activité de la zone viscérale) induits par les aliments au cours des heures suivant leur ingestion (à l'échelle de la journée). Enfin, le long terme impliquerait une modulation du comportement alimentaire en fonction de l'état des réserves énergétiques, en particulier des réserves adipeuses.

L'existence d'un appétit spécifique pour les acides aminés indispensables se traduit par une réponse aversive vis-à-vis de régime déficient ou dépourvu en protéines ou en acides aminé indispensable. Ces processus ont été clairement démontrés chez le rat soumis à un régime dépourvu en acide aminé indispensable. Dans ce cas l'animal est en effet très rapidement capable de reconnaître la présence de cet acide aminé lorsqu'il est soumis à un choix entre différents aliments contenant ou non cet acide aminé [31, 32]. En outre, lorsque des rats sont soumis à un aliment présentant un taux de protéine bas de 5-8% du contenu énergétique ils tendent à augmenter leur prise alimentaire afin d'augmenter leur apport protéique pour atteindre un niveau adéquat [33]. Ainsi, il apparaît que l'organisme est capable de réaliser à la fois un contrôle quantitatif des protéines et de l'énergie ingérée et un contrôle qualificatif de la composition en acides aminés indispensables des protéines ingérées [34].

Un contrôle spécifique de l'ingestion de protéines est aussi fortement suggéré par diverses études montrant que des animaux, lorsqu'ils ont la possibilité de choisir librement les macronutriments, équilibrent leur apport protéique et le rapport entre protéines et énergie à un niveau relativement constant et élevé. Il est intéressant de noter que ce niveau spontané d'apport protéique auquel ils s'équilibrent ne correspond pas au niveau minimum permettant d'équilibrer le bilan azoté (10-20% de l'apport énergétique chez l'adulte), mais se situe à une valeur nettement plus élevée, qui peut varier en fonction de l'âge, de l'état physiologique, de la souche animale et de la nature des aliments, mais est toujours supérieure à 25% de l'apport énergétique et peut aller jusqu'à des valeurs supérieures à 50% de l'apport énergétique [35, 36, 37]. Les aliments très riches en protéines ont une palatabilité faible, ce qui signifie que les consommations spontanées très élevées en protéines, observées dans ces situations de libre choix, proviennent de signaux positifs métaboliques internes et non des signaux sensoriels oro-gustatifs. Un tel comportement est donc très différent des processus sensoriels oro-gustatifs impliqués pour une large part dans la consommation de graisse et de sucre. Il y a aussi un contrôle nycthéméral de l'ingestion des macronutriments et de la composition des repas [38, 37]. Les protéines et les lipides sont plus ingérés en fin de cycle nocturne alors que les glucides le sont au début.

Les régimes riches en protéines sont généralement associés chez l'animal et chez l'homme à une augmentation de la satiété se traduisant par une réduction de la prise alimentaire. Ainsi, lorsque des rats adaptés à un régime de teneur en protéines normale (15% de l'apport énergétique) sont soumis à un régime très riche en protéine (50% de l'apport énergétique) ils réduisent immédiatement leur prise alimentaire puis la réaugmente progressivement mais incomplètement les jours suivants, en comparaison avec un régime à teneur normale en protéine [8, 39]. L'ingestion des régimes hyperprotéiques se traduit par une dépression de la prise alimentaire chez le rat et la souris ce qui a amené de nombreux auteurs à soupçonner la présence d'une aversion gustative conditionnée induite par l'ingestion de ce type de régime [18]. La nature de la dépression induite par l'ingestion d'un régime hyperprotéique reste incertaine. Elle serait due à une faible palatabilité du régime hyperprotéique [40], combiné ou non, avec l'induction d'une aversion gustative conditionnée [41] ou encore avec l'induction d'une satiété renforcée [42]. Plusieurs mécanismes sont ainsi avancés pour expliquer l'origine de modifications de la prise alimentaire : une teneur élevée en protéines pourrait ainsi être détectée très tôt par le cerveau, après l'absorption des aliments. De nombreux médiateurs sont véhiculés par le sang vers le système nerveux central et une concentration plasmatique élevée en acides aminés (conséquence directe de l'absorption d'une quantité élevée en protéines) pourrait influencer directement le cerveau [31]. Il semble que le nerf vague joue un rôle dans la détection des protéines dans l'intestin. Des études physiologiques ont montré que l'infusion de protéine dans l'intestin stimulait l'activité spontanée des afférences vagales de la branche duodénale [43].

2-1.3. Conséquences métaboliques des régimes riches en protéines

Les recherches sur les conséquences métaboliques d'une consommation excessive et prolongée de protéines ont été en grande partie focalisées sur le foie et le rein du fait de l'importance de ces organes dans l'anabolisme et le catabolisme azoté. Il a été montré que lors de la consommation de régimes hyperprotéiques, le mécanisme majeur d'adaptation est l'augmentation des capacités métaboliques du foie par induction des enzymes du catabolisme des acides aminés [8, 44, 45, 46]. Il est décrit une légère augmentation du poids du foie et des reins [8, 39]. La capacité oxydative des mitochondries au niveau hépatique est augmentée dans le cas de régimes hyperprotéiques [47]. Les cinétiques digestives et le métabolisme intestinal jouant un rôle moindre. Des études font état de l'augmentation de l'activité des transporteurs d'acides aminés dans les hépatocytes et des transaminases chez le rat recevant un régime hyperprotéique [8, 48]. En revanche, peu d'études se sont préoccupées de l'impact à long terme de l'augmentation de ces activités, notamment sur les propriétés fonctionnelles hépatiques [11].

En ce qui concerne la fonction rénale, les conséquences de l'ingestion d'un régime riche en protéines sont controversées. Diverses observations ont montré qu'un régime hyperprotéique provoque une atrophie rénale suivie par une hyperfiltration glomérulaire mais qui n'impliquerait pas obligatoirement de pathologie rénale [49]. L'administration d'un régime riche en protéines chez les patients insuffisants rénaux augmente la pression intra-glomérulaire, diminue le taux de filtration glomérulaire et aggrave l'altération de la fonction rénale [12]. Par contre il n'a jamais été prouvé qu'un régime hyperprotéique entraîne une dégradation de la fonction rénale chez des sujets sains. On connaît aussi l'effet calciurique des protéines [123, 124], par acidification des urines suite à l'augmentation de l'excrétion des sulfates provenant des acides aminés soufrés. Une modification durable de la balance calcique pourrait entraîner une déminéralisation et donc une fragilisation osseuse [57]; le sujet reste très discuté [50, 53, 54].

Enfin, contrairement à une idée largement répandue, les régimes hyperprotéiques pourraient aussi avoir un effet bénéfique sur la fonction cardio-vasculaire par diminution des pressions systolique et diastolique de 3 à 4 mm Hg [63]. L'arginine pourrait jouer un rôle de précurseur dans la synthèse par les cellules endothéliales de monoxyde d'azote (NO), connu pour ses propriétés vasodilatatrices [64]. A l'inverse, quelques résultats indiquent que pendant la gestation chez le rat une ingestion maternelle élevée en protéines peut conduire à un poids de naissance diminué, à une réduction de la dépense énergétique et à une augmentation du tissu adipeux total et au développement de maladies cardiovasculaires [65, 66].

2-1.4. Modifications hormonales au cours de l'adaptation à un régime hyperprotéique

L'adaptation à un régime hyperprotéique met en jeu les régulations hormonales, jouant un rôle central dans l'adaptation du métabolisme azoté. Il s'agit principalement de l'insuline, du glucagon et des corticoïdes. Chez les individus obèses, une alimentation riche en lipides est corrélée avec une diminution de la sensibilité à l'insuline [156]. Les acides gras saturés sont, plus que les acides gras essentiels polyinsarurés, sujets au stockage. Une fois stockés ils sont beaucoup moins sensibles aux stimuli de lipolyse [157]. En plus de cette action sur l'obésité, les acides gras, selon leurs caractéristiques, sont susceptibles d'interagir avec l'insuline. En effet, la composition des membranes plasmatiques en acides gras altère à la fois la liaison de l'insuline à son récepteur et son action. En général, plus la membrane est riche en acides gras insaturés, plus l'effet est prononcé et tout particulièrement sur le muscle riche en acides gras saturé, plus l'effet est prononcé et tout particulièrement sur le muscle [158]. Un régime hyperlipidique diminue également l'expression des transporteurs de glucose GLUT 4 [159] et atténue l'inhibition insulinémique de la sortie hépatique de glucose et de l'utilisation de glucose [160]. Chez des rats spontanément « gros mangeurs » de lipides on observe donc chez la plupart des individus une insulinorésistance qui s'installe très rapidement [161]. Les sucres simples ont un effet plus important sur l'action de l'insuline que les glucides complexes [157]. Augmenter la proportion de saccharose et de fructose dans la ration provoque en 3 semaines chez le rat une baisse d'efficacité de l'insuline par rapport à un régime comprenant le même taux de glucides mais sous forme d'amidon [162]. La nature de l'amidon utilisé dans les rations pourrait influencer à long terme l'induction de l'insulinorésistance. Ainsi, des rats nourris avec amylopectines sont hyperinsulinémiques lors de test de tolérance au glucose, alors que ceux nourris avec un amidon riche en amylose (lentement digéré) ne le sont pas [163]. Cet effet était d'autant plus prononcé que la durée de distribution du régime était longue.

Les conséquences de la nature et de la quantité de protéines contenues dans la ration ont été assez peu comparées par rapport à celles des glucides et des lipides. Mais, certains auteurs ont d'abord remarqué que leurs aliments synthétiques protégeaient leurs animaux comparés à l'aliment standard [164]. Puis, Iritani et al ont montré en 1997 [165] que la nature de la protéine influençait le déclenchement de l'insulinorésistance chez le rat. Ainsi, des aliments riches en lipides avec pour source de protéines de cabillaud ne provoqueraient pas d'insulinorésistance comme avec la protéine de soja ou la caséine. Il se pourrait que la glutamine alimentaire soit la molécule responsable de l'effet protecteur, puisque la supplémentation en glutamine d'un régime hyperlipidique atténue l'hyperglycémie et l'hyperinsulinémie chez la souris [166]. A l'inverse l'arginine serait un facteur stimulant l'hyperinsulinémie car l'ajout de 0,5% de cet acide aminé à une ration à base de caséine augmente la sécrétion d'insuline in vivo [157].

Une alimentation hypocalorique, riche en protéines, pauvre en glucides et en lipides semble être le régime de choix pour obtenir une diminution de poids et une normalisation de l'insulinémie chez l'obèse hyperinsulinémique [7].

2-1.4.1. La leptine

La leptine est impliquée dans le contrôle du poids. La leptinémie est plus élevée chez les individus obèses, reflétant une leptinorésistance. La leptine aurait aussi un rôle majeur dans l'homéostasie énergétique en modulant la prise alimentaire et la dépense énergétique [167,168].

2-1.4.2. Insuline et glucagon

L'insuline est excrétée par la cellule bêta du pancréas et son niveau varie en proportion de l'adiposité corporelle [169]. Son action sur le contrôle du poids corporel passe par une action centrale. Elle agit en feedback comme régulateur humoral de la prise alimentaire et de l'équilibre énergétique. L'insuline a une action variable sur la prise alimentaire selon la période nycthémérale considérée. En effet, lors des périodes d'activités (la nuit pour le rat et le jour pour l'homme) la sécrétion d'insuline est plus élevée ce qui induit une hyperphagie et un gain de poids. Durant les périodes d'inactivité en revanche, l'hypoinsulinisme relatif est associé à une baisse de la prise alimentaire et à une perte de poids [170].

Les protéines peuvent influencer l'apparition d'une insulino résistance et plus spécifiquement avec des sources protéiques comme le soja ou la caséine [171]. L'influence d'une consommation élevée de protéines sur l'insulinorésistance et l'obésité est également controversée. En effet, les régimes hyperprotéiques pauvres en glucides favorisent une réduction de la glycémie et par conséquent une insulinémie basale basse [8]. Par contre, il a été montré chez l'homme qu'une adaptation à long terme (six mois) à un régime hyperprotéique (1,8g/kg/j) entraînait une insulinorésistance, et ce malgré un apport glucidique réduit [55]. Une augmentation de la sécrétion d'insuline peut être la réponse à l'insulino résistance nécessaire au maintien de l'homéostasie du glucose à un niveau normal, mais il faut remarquer qu'une augmentation de l'insulinémie à jeun (insulino résistance) prédispose au diabète de type 2 et augmente le risque de développer une insuffisance coronarienne [56].

Selon certaines études, la prise élevée de protéines pourrait stimuler la sécrétion d'insulin-like growth factor I(IGF-I), déclencher de ce fait la multiplication précoce de cellules adipeuses et leur maturation accélérée, et accélérer le développement du tissu adipeux [57]. Des études récentes montrent un effet protecteur du régime augmenté en lipides et diminué en glucides (P40L) à la résistance à l'insuline et à l'obésité [58]. Le ratio protéines /glucides apparaît également comme un important facteur de régulation des niveaux d'hormones stéroïdes circulantes, du moins en phase postprandiale [23], la cortisolémie étant supérieure chez les sujets soumis à un régime hyperprotéique (44% de protéines. 10% pour les régimes normoprotéiques) pendant 10jours. Selon Morens et al (2001) [39] et Masanès et al (1999) [59] les régimes hyperprotéiques favorisent l'accrétion musculaire [60]. D'autre part, une ingestion importante de protéines affecterait l'expression de quelques gènes impliqués dans l'oxydation de substrats et la diminution de la thermogenèse [61]. De plus l'influence des macronutriments de différentes sources, montre plus ou moins de relation avec le développement de tissu adipeux [62].

Le glucagon est secrété par les cellules alpha du pancréas. Des études pharmacologiques indiquent que le glucagon réduit la taille des repas spontanés. Il pourrait aussi de façon plus complexe contribuer au même titre que d'autres peptides de la sphère intestinale et du cerveau au contrôle de la taille des repas [172].

2-1.4.3. La cholécystokinine (CCK)

La CCK est un peptide induisant la satiété par des actions ciblées sur l'intestin et certaines régions cérébrales. La CCK fonctionne de façon paracrine ; libérée par les cellule sécrétantes et les fibres nerveuses dans l'intestin proximal, la séquence des événements induisant la satiété suivant un repas pourraient inclure tout d'abord la libération périphérique de CCK, agissant sur les terminaisons vagales intestinales, puis celle-ci serait suivie par des signaux vers l'hypothalamus par le biais de neurones à CCK centraux. La CCK réduit la taille des repas, lorsqu'elle est administrée conjointement à la leptine induit une perte de poids [173]. Les protéines alimentaires sont un puissant stimulant de la sécrétion de CCK [174].la concentration plasmatique de CCK augmente durant le premier jour de régime HP (à 75% de caséine), puis elle retombe à un niveau normal et s'accompagne du retour à la prise alimentaire précédant le régime HP [175]. Parallèlement, des rats adaptés à un régime HP ou hyperlipidique montrent une forme de désensibilisation à l'action rassasiante de la CCK [176].

2.2. L'intestin grêle, la digestion et l'absorption des nutriments et des protéines

Le tube digestif est constitué de quatre parties : le pharynx et l'œsophage, l'estomac, l'intestin grêle ou s'effectuent la digestion et l'absorption des aliments et enfin le gros intestin constitué du caecum et du colon. Le tractus gastro intestinal est le lieu d'absorption des nutriments indispensables à la vie, tels que l'eau, les électrolytes, les sucres et les acides aminés. C'est aussi le lieu de sécrétions digestives biliaires, pancréatiques et intestinales [67].

2-2.1. L'intestin grêle

L'intestin grêle s'étend du pylore au colon et se divise en trois parties: le duodénum, le jéjunum et l'iléon. La lumière diminue progressivement du duodénum à l'iléon [68]. La longueur de l'intestin grêle est chez l'homme de 4 à 6 mètres. La partie proximale, soit les 2/5 de l'intestin grêle, s'appelle jéjunum (dérivé du latin qui signifie « vide »), et la partie distale qui représente les 3/5 s'appellent iléon (du grec *eilein* qui signifie « s'enrouler » ou « se tordre »). La paroi du jéjunum est plus épaisse et sa lumière plus grande que celle de l'iléon. Le mésentère du jéjunum se distingue de façon caractéristique du mésentère de l'iléon ; la couche de graisse est plus épaisse dans le mésentère iléal et s'étend jusqu'au point d'attachement intestinal. Dans le jéjunum, les valvules connivantes sont épaisses, grandes et nombreuses, et donnent à la muqueuse un aspect plumeté ou en feuilles de fougère. La lamina propria ou le chorion, couche intermédiaire de tissu conjonctif, entoure les cryptes et forme l'axe des villosités [69]. La lamina propria est le site effecteur de la réponse immunitaire muqueuse. Elle se compose principalement de lymphocytes B en phase ultime de différenciation c'est à dire au stade de plasmocytes, et de lymphocytes T (majoritairement de phénotype CD4$^+$ auxiliaire). On y trouve aussi, en nombre plus ou moins important, des cellules dendritiques (CD) {de classe II+, capables d'émettre de prolongements cytoplasmiques pour capturer des agents pathogènes présents dans la lumière intestinales [70]} des macrophages ou des cellules inflammatoires telles que des polynucléaires basophiles, des éosinophiles ou des mastocytes. La **muscularis mucosae** est la couche la plus profonde. Elle sépare la muqueuse de la sous-muqueuse [69] et renferme des fibres musculaires lisses qui plissent la muqueuse de l'intestin. Ces plis ont pour effet d'augmenter la surface de digestion et d'absorption [71].L'intestin grêle exerce deux fonctions: il achève la digestion du chyme provenant de l'estomac et absorbe les produits de cette digestion au niveau de ses nombreux replis [72]. Il est constitue par quatre couches successives (figure 3) : une séreuse, qui n'est autre que le feuillet viscéral du péritoine dans laquelle circulent les vaisseaux et les nerfs qui vont pénétrer dans des couches plus internes de la paroi [73], une musculeuse représentée par une couche longitudinale externe et une couche circulaire interne des fibres musculaires lisses, une sous-muqueuse représentée par une couche longitudinale externe et une couche circulaire interne de fibres musculaires lisses qui assurent la motricité intestinale, une sous-muqueuse, conjonctivo-vasculaire contenant le plexus nerveux sous muqueux de Meissner. Elle est également occupée par les glandes de Brünner. Une muqueuse dont la surface est revêtue d'une seule couche de cellules, repose sur la muscularis mucosae et comprend l'épithélium et la lamina propria [74] (figure 4). Une des fonctions principales de la muqueuse intestinale est la formation d'une barrière physique séparant le milieu extérieur (lumière intestinal) du milieu intérieur (compartiment systémique).

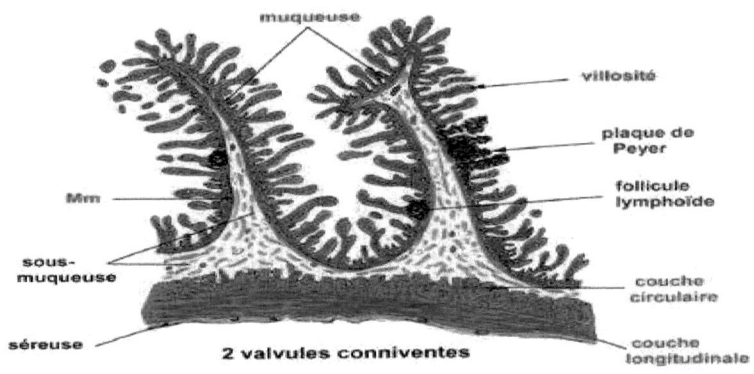

Figure 3 : L'intestin grêle [73]

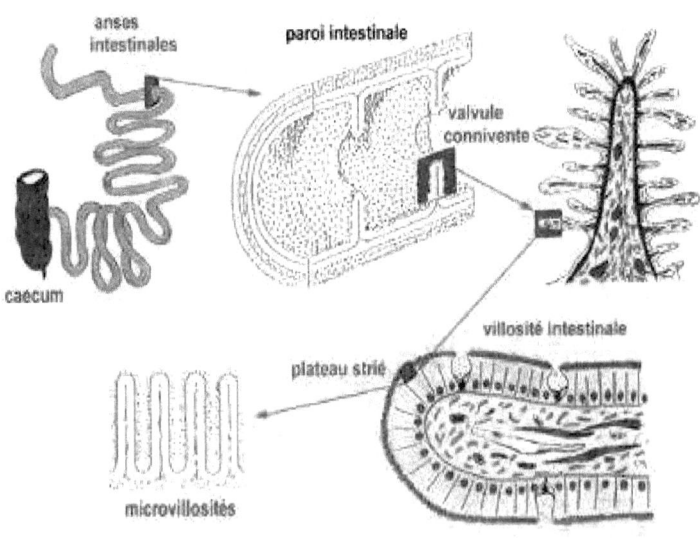

Figure 4 : La structure de la villosité intestinale [7]

La muqueuse intestinale est en contact permanent avec la microflore intestinale résidente et des quantités massives d'antigènes d'origine alimentaire (plus d'une tonne d'aliments par année pour un adulte). L'épithélium de revêtement intestinal est un épithélium prismatique simple (figure 5) constitué de plusieurs types cellulaires: des entérocytes, des cellules caliciformes, des cellules neuroendocrines et au niveau de l'iléon, appartenant au système immunologique, des cellules « M » [11].

Les cellules épithéliales ou entérocytes représentent 80% [76] (figures 6 et 7) de la population cellulaire totale de l'épithélium intestinal. Elles sont responsables de la fonction d'absorption intestinale par la présence d'une bordure en brosse véritable sous unité fonctionnelle faisant face à la lumière intestinale elle-même constituée par des microvillosités régulièrement disposées [69]. Les entérocytes contrôlent les échanges entre le milieu extérieur et le milieu intérieur, et en particulier l'absorption des nutriments. La membrane apicale exprime différents enzymes et transporteurs nécessaires à ces fonctions [77]. Les cellules épithéliales jouent également un rôle actif dans l'immunité de la muqueuse intestinale puisqu'elles transportent les IgA sécrétoires de leur site de production (la lamina propria) vers la lumière intestinale où elles neutralisent les antigènes et empêchent leur absorption par les cellules épithéliales. Des récepteurs des immunoglobulines, FcRn et FcεRII, ont été décrits au niveau des surfaces apicale et basolatérale des entérocytes [78,79].

Les cellules caliciformes, sécrètent du mucus qui protège l'épithélium contre les enzymes intraluminales. Les cellules caliciformes moins nombreuse (15%) prédominent dans les cryptes et sont rares dans les villosités. Elles sont de plus en plus nombreuses du milieu du jéjunum

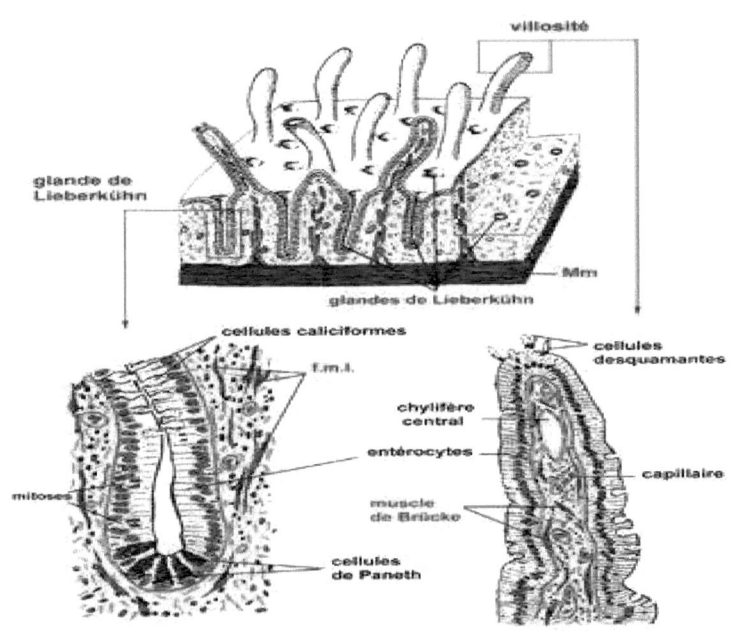

Figure 5 : La paroi de l intestin grêle [73]

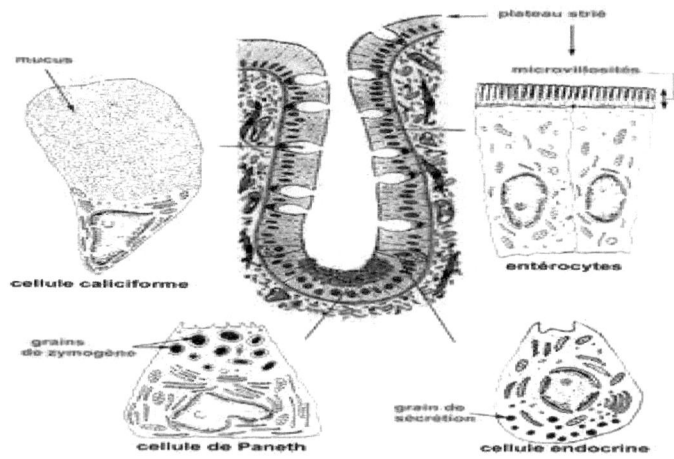

Figure 6: L'épithélium de recouvrement de l'intestin grêle [73]

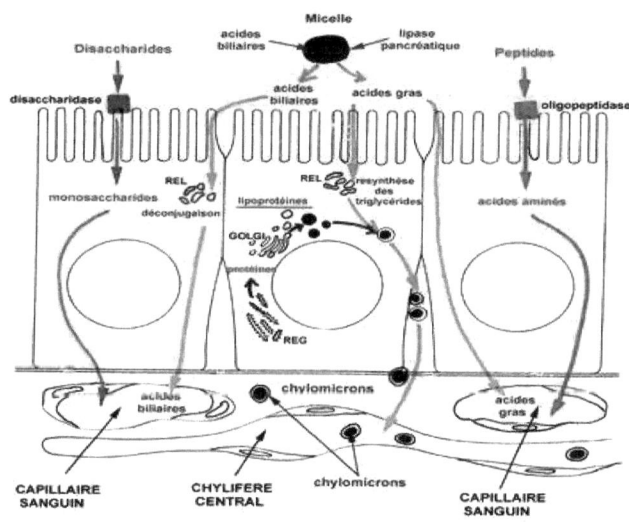

Figure 7: Fonction de la cellule épithéliale [73]

vers l'iléon, et secrètent en continu un mucus dont le rôle premier est de faciliter le glissement et la protection face aux ingesta progressant dans la lumière [75].

Les cellules endocrines, sont les moins nombreuses, elles sont réparties sur toute la longueur de l'intestin et sont localisées dans les cryptes et accessoirement à la base des villosités [80].

Parmi les cellules endocrines on trouve les cellules à sérotonine, les cellules à entéroglucagon, les cellules à gastrine (stimulation de la sécrétion pancréatique, contraction du muscle lisse), les cellules à somatostatine, les cellules à sécrétine (inhibition de la sécrétion d'HCL, stimulation de la sécrétion pancréatique), les cellules à cholécystokinine (CCK), les cellules à VIP (vasoactive intestinal peptide), les cellules à GIP (gastric inhibitory peptide).

Les cellules M (microfold cells), situées dans l'épithélium intestinal au niveau des plaques de Peyer, incorporent par endocytose les antigènes luminaux puis les transfèrent aux cellules dendritiques qui les présentent aux lymphocytes B. Ces cellules M délimitent des poches formées d'invaginations de leur espace basolatéral contenant des lymphocytes T et B, des cellules dendritiques et des macrophages. Ces processus induisent l'activation et l'expansion clonale des lymphocytes, leur acquisition de l'isotype IgA par commutation de classe (switch), et le début de la maturation cellulaire grâce à l'action de lymphocytes T auxiliaires [81,75]. Les cellules M jouent un grand rôle dans le passage de l'information antigénique aux structures immunitaires sous jacentes.

Les cellules de Paneth sécrèteraient du lysozyme et une peptidase. Les **cellules des glandes de Brünner** sécrètent du mucus et des bicarbonates, nécessaires à l'action des enzymes intestinales.

2-2.2. La digestion et L'absorption par l'épithélium intestinal des protéines et l'adaptation des processus digestifs aux différents apports protéiques alimentaires

L'évacuation gastrique démarre quelques minutes après le début du repas, et les protéines ingérées sont digérées et absorbées dans l'intestin. La digestion des protéines commence dans l'estomac sous l'influence de la pepsine. 10% à 20% des protéines sortant de l'estomac sont absorbées dans le duodénum et 60% dans le jéjunum [82]. Cette phase ne dure qu'une heure ou deux, période pendant laquelle le pH est acide, la sécrétion d'acide étant déclenchée par la prise d'aliments. Les protéines sont dénaturées et partiellement dégradées par la pepsine en présence d'HCL dans l'estomac. Le produit de cette digestion est hydrolysé au niveau de l'intestin grêle par des enzymes pancréatiques et par des enzymes de la membrane de la bordure en brosse pour être absorbé par la muqueuse intestinale [69, 83]. La moitié environ des acides aminés du contenu intestinal est libre ou sous forme de petits peptides [84]. Les protéines ralentissent la motricité gastrique et induisent un volume gastrique plus important. La composition du repas affecte à la fois la vidange gastrique et la sensation de satiété [85]. Le transit intestinal est sensible à la composition en protéines du repas absorbé [83]. Une protéine digérée plus lentement va être mieux utilisée en phase postprandiale et sera considérée comme de meilleure qualité [86].

La digestion intestinale est constitue par 2 phases. La première phase intraluminale met en jeu les enzymes pancréatiques et la bile : les sucres sont transformés en disaccharides, les protéines en petits peptides et les lipides en micelles (complexes de monoglycérides ou d'acides gras avec les sels biliaires). Le duodénum reçoit le chyme gastrique, imprégné des enzymes salivaire et stomacale. De plus, la bile et les enzymes pancréatiques y sont déversés au niveau de l'ampoule de Vanter. Dans l'intestin grêle, le chyme subit l'action du suc pancréatique, de la bile et du suc intestinal. Les aliments sont dégradés en nutriments ou métabolites pouvant franchir la barrière intestinale et passer dans les circulations sanguine et lymphatique. Les résidus non digérés resteront dans la lumière intestinale et constitueront les fécès. Le suc intestinal comprend de l'eau, des éléments minéraux assurant un pH neutre ou basique, des enzymes et de la mucine. La deuxième phase est intracellulaire et plus précisément membranaire. Elle parachève la digestion intraluminale; c'est le rôle des enzymes sécrétées par les entérocytes au niveau des microvillosités de l'entérocyte. La glycocalix, formée de longs filaments glycoprotéiques, recouvre les microvillosités. Elle assure un rôle de protection contre l'autodigestion, un rôle de filtre sélectif et permet l'adsorption des enzymes pancréatiques qui s'accrochent à elle et procèdent à la digestion intraluminale. Les entérocytes, par la sécrétion d'enzymes, assurent les étapes finales de la digestion et sont le siège de l'absorption des nutriments, de l'eau, des sels minéraux et des vitamines. L'absorption des nutriments débute dans le duodénum, mais est particulièrement importante dans le jéjuno-iléon. Des **dissaccharidases** réduisent les sucres en monosaccharides absorbés et transportés à travers la cellule jusqu'au pôle basal. Les monosaccharides traversent la membrane basale de l'épithélium intestinal, puis celle des capillaires sanguins contenus dans le chorion et suivent le trajet veineux les conduisant à la veine porte par laquelle ils pénètrent dans le foie. Des **oligopeptidases** transformant les petits peptides en acides aminés qui traversent la cellule et se retrouvent pareillement dans le système porte. L'**absorption des micelles** par pinocytose, synthèse intracellulaire en triglycérides et en phospholipides (et un peu de cholestérol) entourés par une lipoprotéine cellulaire pour former des chylomicrons ; les chylomicrons passent dans des espaces intercellulaires situés au pôle basal des entérocytes (les espaces de Grünhagen) puis pénètrent dans le chylifère central pour aboutir dans le canal thoracique et le foie.

La majorité des protéines alimentaires sont hydrolysées par les protéases pancréatiques sécrétées dans le duodénum proximal sous forme inactive. L'activation des protéases est d'abord catalysée par l'entérokinase, enzyme de surface de la muqueuse duodénale, et par la trypsine activée. L'activation est presque instantanée dans les première et deuxième parties de la lumière duodénale. La digestion intraluminale des protéines alimentaires se produit dans le duodénum sous l'action séquentielle des endopeptidases et des exopeptidases pancréatiques. Les endopeptidases (trypsine, chymotrypsine, élastase, désoxyribonucléase et ribonucléase) agissent sur les peptides présents à l'intérieur de la molécule protéique. Les peptides sont ensuite soumis à l'action des exopeptidases (carboxypeptidases A et B) qui enlèvent un seul acide aminé du carboxyle terminal du peptide, et il en résulte des acides aminés (AA) neutres et basiques ainsi que des petits peptides. Les peptidases de la bordure en brosse hydrolysent ensuite les di-, tri- et tétrapeptides résiduels qui contiennent des acides aminés neutres. Les peptides essentiellement constitués de glycine, de proline et d'hydroxyproline ou d'acides aminés dicarboxyliques semblent être hydrolysés à l'intérieur de la cellule. Les acides aminés et les dipeptides sont ensuite transportés dans la cellule muqueuse. Un mécanisme de transport propre aux acides aminés neutres absorbe les acides aminés aromatiques (phénylalanine, tyrosine, tryptophane) et aliphatiques (valine, leucine, isoleucine, méthionine). Les acides aminés basiques (arginine, lysine) sont absorbés par un mécanisme distinct. Il existe aussi un troisième mécanisme de transport pour la glycine, la proline et l'hydroxyproline et un quatrième mécanisme pour les acides aminés dicarboxyliques (aspartiques et glutamiques). Compte tenu de ces processus physiologiques, une malabsorption des protéines est susceptible de se manifester dans les maladies comme dans la maladie coeliaque; ou il y'a perte de la surface muqueuse.

2-2.3. Physiologie de l'absorption et de la sécrétion de l'eau et des électrolytes dans l'intestin grêle

L'épithélium de l'intestin grêle est aussi doté d'une grande perméabilité passive aux sels et à l'eau, en raison des jonctions qui unissent les cellules épithéliales. De tous les organes, l'intestin, et en particulier l'intestin grêle, est celui qui détient la plus grande capacité de sécrétion d'eau et d'électrolytes. La surface intestinale réelle est considérablement augmentée par des structures anatomiques particulières : les valvules conniventes, les villosités et les microvillosités des entérocytes. Ainsi est atteint le chiffre de 200 m², ceci témoigne de l'importance des échanges qui ont lieu au niveau du grêle et du rôle indispensable qu'il joue dans les phénomènes d'absorption et de digestion [87]. Les processus d'absorptions et de sécrétion ont lieu au niveau de deux types de cellules épithéliales distinctes : les cellules des villosités et celles des cryptes de Lieberkühn.

L'intestin grêle et le colon sont avec les reins directement impliqués dans l'équilibre hydrominéral de l'organisme. La quantité de liquide présent aux différents niveaux du tube digestif peut être considérée comme la résultante de l'eau ingérée avec les aliments, de l'eau sécrétée par les glandes exocrines et de l'eau absorbée par la muqueuse intestinale. L'eau coule continuellement dans l'intestin, cette quantité d'eau provient de l'alimentation(2litres) et surtout des sécrétions digestives (7litres), sécrétions salivaire (1litre), gastriques (2litres), biliaire et intestinales (2litres). Le débit de cette masse liquidienne varie tout au long du nycthémère, minimal pendant la nuit, maximal en période d'activité digestive, c'est-à-dire 2 à 3 heures après les principaux repas. L'eau est donc sécrétée en permanence du plasma vers la lumière intestinale est aussi réabsorbée en permanence. L'eau suit passivement les mouvements actifs des électrolytes à travers l'épithélium et la source principale d'énergie provient de l'hydrolyse de l'ATP en ADP par la Na+/K+ATPase, appelée (pompe à sodium) [88]. L'absorption du glucose et des acides aminés neutres est dépendante de Na^+, c'est-à-dire que chaque molécule de glucose ou d'acide aminé traverse la bordure en brosse accompagnée d'un Na^+. Lorsque la sécrétion intestinale est perturbée, le glucose peut être absorbé normalement; il s'ensuit une absorption de Na^+ (et donc d'eau). On peut compenser les pertes hydriques par l'administration par voie orale d'une solution de glucose et d'électrolytes. L'ion sodium est le moteur essentiel des mouvements hydro-électolytiques. le Na+ diffuse du liquide intestinal vers le cytoplasme à travers la membrane luminale, alors qu'il est pompé du cytoplasme vers la circulation sanguine à travers la membrane basolatérale. Il en résulte un mouvement d'absorption du NaCl et d'eau de la lumière intestinale vers le sang. La perméabilité de la muqueuse intestinale pour l'absorption du sodium diminue du jéjunum au côlon. Le cytoplasme des cellules absorbantes, comme de toutes les cellules de l'organisme, a une composition en électrolytes différente de celle du milieu qui l'entoure : la concentration en Na+ y est plus faible, et la concentration en K+ plus élevée.

Alors que le sodium est l'ion dominant des phénomènes d'absorption, l'ion chlorure gouverne la sécrétion. La possibilité de sécréter des chlorures vers la lumière intestinale semble être la fonction des cellules des cryptes intestinales [89]. Dans la cellule sécrétrice, l'entrée du Cl^- en provenance du milieu interne (sang ou côté séreux de l'entérocyte) est associée à celle du Na^+ et probablement aussi à celle du K^+ par un cotransporteur triple avec une stoechiométrie de 1 Na^+, 1 K^+ et 2 Cl^-. Le Na^+ qui pénètre de cette façon est ensuite recyclé dans la solution contraluminale par la pompe à Na^+/K^+. Le K^+, qui pénètre grâce à un triple cotransporteur, retourne du côté contraluminal par les canaux à K^+. En raison du gradient du Na^+, le Cl^- s'accumule au-delà de l'état d'équilibre électrochimique et peut être soit recyclé dans la solution contraluminale par le cotransporteur Na^+, K^+ et 2 Cl^- ou par les canaux à Cl^- de la membrane baso-latérale, soit sécrété dans la lumière par les canaux à Cl^- de la membrane luminale. La sécrétion du Cl^- dans la lumière produit une différence de potentiel électrique positive vers la séreuse, ce qui assure une force de conduction nécessaire à la sécrétion du Na^+ par les voies paracellulaires. Dans la cellule sécrétrice à l'état de repos, les canaux luminaux Cl^- sont fermés; ils s'ouvrent lorsque la sécrétion est stimulée par une hormone ou par un neurotransmetteur. La sécrétion est donc déclenchée par l'ouverture de la « barrière » Cl^- dans la membrane luminale de la cellule sécrétrice.

2-2.4. Conséquences de la consommation des régimes riches en protéines sur la fonction intestinale

Un aspect important concerne le rôle des protéines dans le métabolisme énergétique et la façon dont la zone viscérale et en particulier l'intestin gère des apports importants d'acides aminés pour son métabolisme propre, pour la redistribution vers les tissus ou pour les orienter vers les voies d'élimination. Les problèmes de sensibilisation et d'un hyper-métabolisme intestinal, hépatique et rénale représentent sûrement une limite supérieure dans l'adaptation aux apports protéiques.

De nombreux travaux montrent clairement que les fonctions des divers organes de la zone viscérale (intestin, foie, rein) sont sensibles à l'apport protéique. Les fonctions intestinales sont dépendantes de plusieurs facteurs alimentaires tels que la nature du régime, sa composition protéique, lipidique et glucidique [90]. A court terme, il est maintenant bien établi que les sécrétions digestives sont stimulées par l'alimentation, le messager le plus probable étant la cholecystikinine (CKK) dont l'action est amplifiée par une action similaire de la sécrétine [91]. Les sécrétions pancréatiques sont également sujettes à des variations à plus long terme [92, 93, 94]. Le transit intestinal est sensible à la composition en protéines du repas absorbé [95] on a ainsi démontré que le transit intestinal était plus rapide après l'ingestion d'un repas à base de protéines de soja qu'après un repas à base de caséine. La quantité de protéine ingérée est aussi un facteur intervenant dans le contrôle du transit [96].

Les différentes fonctions de la muqueuse intestinale sont modulées en fonction de l'apport en nutriment. Les enzymes de la bordure en brosse de l'intestin grêle sont sensibles au niveau d'apport protéique [8]. Il a été prouvé chez le rat qu'une adaptation de 14 jours à un régime hyperprotéique (50% de protéine) se traduisait par une augmentation (de 1.5 à 2 fois) de la quantité d'ARNm codant pour un transporteur d'AA présent dans l'intestin grêle du rat [97]. Une adaptation des activités peptidasiques et de transport de l'épithélium à des modifications quantitatives de l'apport protéique a été mise en évidence [98, 99, 100, 101]. Chez le rat, l'introduction d'une alimentation apportant 50 et 70% de protéines provoque ainsi après 7 jours un accroissement des activités peptidasiques (glutamyl-transpeptidase, dipeptidylpeptidase IV, angiotensinase..).L'amplitude de la réponse varie suivant la nature de la protéine ingérée. La capacité d'absorption de l'épithélium intestinal vis-à-vis des acides aminés et des dipeptides dépend également de l'apport protéique de l'alimentation [102, 103, 104]. Le métabolisme des acides aminés dans la muqueuse intestinale semble aussi fonction de l'apport protéique [105]. Les acides aminés pénètrent dans l'entérocyte et une partie d'entre eux (environ 10%) participe aux synthèses protéiques locales et au catabolisme. La glutamine et le glutamate sont particulièrement impliqués dans le catabolisme de l'entérocyte. Le taux de synthèse protéique entérocytaire est déterminé par la taille du compartiment des acides aminés intracellulaires qui augmente avec un régime hyperprotéique, en particulier au sommet des villosités. La glutamine est activement métabolisée par la muqueuse intestinale et la glutamine d'origine alimentaire est utilisée préférentiellement par la muqueuse.

2.3. La barrière muqueuse immunologique

Le système immunitaire du tube digestif est remarquablement bien développé au niveau de l'intestin grêle par les éléments lympho-plasmocytaires et histocytaires du chorion. Le système immunitaire lymphoïde associé à la muqueuse ou GALT (Gut

Associated Lymphoïd Tissue) participe au maintien de l'homéostasie intestinale. Le GALT renferme la plus grande quantité de lymphocytes du corps humain, évaluée à 106 lymphocytes/g de tissu, et comprend des structures spécialisées appelées plaques de Peyer, des lymphocytes répartis dans la muqueuse et la lamina propria et des lymphocytes intra-épithéliaux (LIE) [106].Cette muqueuse constitue à la fois le lieu d'absorption des nutriments, mais aussi la première barrière s'opposant à la pénétration dans l'organisme des particules étrangères. Elle est donc un site de communication important entre le milieu intérieur et le milieu extérieur.

2-3.1. L'organisation des cellules immunologiquement compétentes

L'intestin contient la plus forte concentration de cellules immunologiquement compétentes. Par endroits, les cellules immunitaires sont regroupées en follicules lymphoïdes disséminés dans la sous-muqueuse voire en amas de follicules au niveau des plaques de Peyer. Ces follicules sont riches en lymphocytes B [107], tandis que l'environnement périfolliculaire contient essentiellement des lymphocytes T [108].

Les plaques de Peyer sont des agrégats de follicules lymphoïdes répartis dans la lamina propria tout au long de l'intestin grêle, qui présentent une structure semblable à celle des ganglions lymphatiques périphériques [109]. Une plaque de Peyer est constituée de trois éléments essentiels (figure 8) : les follicules lymphoïdes, la zone inter-folliculaire et l'épithélium associé aux follicules [110].Les follicules eux-mêmes contiennent des lymphocytes B, des cellules dendritiques et des macrophages. Les cellules B de la périphérie des follicules présentent des IgM en surface (cellules B IgM$^+$), tandis que celles de la région centrale

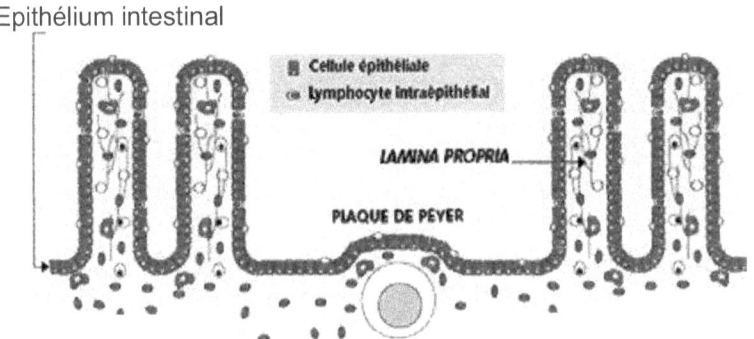

Figure 8: Schéma d'une plaque de Peyer [23]

(centre germinatif) ont subi la commutation de classe et expriment en surface des IgA (cellules B IgA$^+$). Les régions para-folliculaire, inter-folliculaire et la *corona* contiennent des cellules T. Les cellules T auxiliaires (CD4$^+$, CD3$^+$) se trouvent de manière préférentielle dans la *corona*, tandis que les cellules T cytotoxiques (CD8$^+$, CD3$^+$) peuplent la région para-folliculaire. Les plaques de Peyer sont recouvertes au niveau de la lumière intestinale par les cellules M [111]. Ces cellules peuvent prélever et transporter sans les modifier les antigènes vers les cellules dendritiques et les macrophages des plaques de Peyer. Les plaques de Peyer constituent donc le lieu d'induction initiale d'une réponse immunitaire spécifique à un antigène alimentaire.

La lamina propria est le site effecteur de la réponse immunitaire muqueuse. Elle se contient principalement de lymphocytes B en phase ultime de différenciation c'est à dire au stade de plasmocytes, et de lymphocytes T (majoritairement de phénotype CD4$^+$ auxiliaire). On y trouve aussi, en nombre plus ou moins important, des cellules dendritiques, des macrophages ou des cellules inflammatoires telles que des polynucléaires basophiles, des éosinophiles ou des mastocytes. Les cellules immunitaires de la lamina propria jouent un rôle important dans l'immunophysiologie [112]. Les lymphocytes intra épithéliaux (LIE) sont localisés entre les cellules épithéliales des villosités de l'intestin. Ils expriment à 95% le marqueur CD3 associé au récepteur membranaire de l'antigène des lymphocytes T [113]. Cette population lymphocytaire est dotée de caractéristiques particulières qui la différencient des autres populations de lymphocytes. La plus intéressante est l'expression prédominante du phénotype cytotoxique CD8$^+$ (les cellules CD8$^+$ étant minoritaires dans les autres organes lymphoïdes), alors que les cellules T CD4+ sont principalement retrouvées dans la lamina propria [114]. Les

CD8+ expriment l'intégrine αEβ7 qui leur permet d'adhérer aux cellules épithéliales. Ils secrètent des cytokines et notamment de l'interféron (IFN)-γ qui inhibe la réplication intracellulaire de certains agents infectieux et favorise la cytotoxicité des LIE vis-à-vis des cellules épithéliales infectées [115].

2-3.2. Transmission de l'information antigénique au système immunitaire digestif et tolérance orale

Les fonctions du système immunitaire intestinal jouent ainsi un rôle très important sur l'homéostasie de l'hôte. Il existe un trafic cellulaire important entre le système immunitaire intestinal, le compartiment systémique et les autres muqueuses. Un événement se situant dans la sphère intestinale, comme une immunomodulation bactérienne, peut avoir ainsi des conséquences au niveau systémique et sur d'autres muqueuses. L'ensemble de ces interactions passe par un "langage immunologique" exprimé par des molécules protéiques appelées "cytokines", synthétisées principalement par les différentes cellules du système immunitaire en réponse à des stimulis.

Les antigènes sont captés au niveau des cellules M des plaques de Peyer ou directement par les entérocytes, leur transport s'effectuant par des voies de transcytose. Chez le sujet sain, un passage paracellulaire des antigènes reste un sujet controversé. Les antigènes sont alors présentés aux lymphocytes par les macrophages ou par les cellules dendritiques au niveau des plaques de Peyer (site d'initiation) et de la lamina propria ou directement par les entérocytes (sites effecteurs). Les cellules dendritiques jouent un rôle central dans la présentation de l'antigène aux cellules T après transcytose à travers les cellules M, et donc dans l'initiation de la réponse immunitaire [116]. La présentation de l'antigène sous forme de peptides associés aux molécules du CMH II permet aux cellules T du dôme d'être activées et de proliférer en migrant vers les zones inter-folliculaires. Les précurseurs B capturent également l'antigène grâce à leurs molécules d'immunoglobuline M membranaire. Cette interaction moléculaire, combinée à l'action des cytokines sécrétées par les lymphocytes T activés, déclenche l'activation des précurseurs B qui se différencient en lymphocytes B puis en plasmocytes.

La tolérance orale se définit comme une suppression immunitaire systémique spécifique après un premier contact oral avec l'antigène. Elle est mise en évidence expérimentalement, le plus souvent, par l'absence ou la réduction des réponses immunitaires humorales et cellulaires locales et/ou systémiques qui sont obtenues après immunisation parentérale avec un antigène préalablement ingéré par l'animal. Toutefois, l'induction de la tolérance orale est un phénomène immunologique dynamique dont les sites d'induction sont la lamina propria et les plaques de Peyer (tolérance locale), les ganglions et la rate (tolérance en périphérie). Les mécanismes cellulaires qui l'expliquent sont encore mal définis et les données sont parfois contradictoires. Rétrospectivement, il apparaît que la tolérance orale est liée à des réactions immunitaires complexes et résulte de l'interaction de plusieurs facteurs immunitaires agonistes ou antagonistes, eux-mêmes étant régulés par des facteurs liés à l'hôte et à l'antigène [117]. Cependant, les principaux mécanismes impliqués dans le développement de la tolérance orale qui sont proposés à l'heure actuelle, incluent les processus suivants : la délétion, l'anergie et la suppression cellulaire active; un des facteurs déterminants étant la dose de l'antigène. De faibles doses favorisent la suppression, alors que de fortes doses favorisent l'anergie [118] ou la délétion par apoptose [119].

L'ensemble de connaissance dans le phénomène de l'induction d'une tolérance orale résulte de modèles animaux, mais il semble que les mécanismes soient sensiblement équivalents chez l'homme [117]. La tolérance orale est absolument nécessaire pour éviter la survenue d'hypersensibilité retardée contre les protéines d'origine végétale ou animale [109].

2.3.3. Régimes protéiques et système immunitaire

Une tonne d'aliments, en moyenne, transite annuellement dans l'intestin humain et approximativement, 2% de ces aliments sont peu ou mal dégradés. Cette fraction alimentaire, bien que non toxique, est considérée comme étrangère par l'organisme et donc susceptible d'induire une réponse spécifique si elle franchit la barrière intestinale. Le système immunitaire possède un compartiment muqueux qui gère ces antigènes en bloquant toute réponse immune excessive. L'augmentation de l'apport protéique se traduit par une augmentation de ces fragments antigéniques dans la lumière intestinale.

Des travaux ont permis de montrer le transport d'antigènes protéiques au travers de la muqueuse intestinale. Ces aspects sont vraisemblablement importants dans des conditions d'apport protéique élevé dans la mesure ou une part détectable de protéines sont susceptibles de résister sous forme antigénique dans la lumière intestinale et d'arriver ainsi au contact de la muqueuse intestinale. Il a été montré la présence sous forme détectable de protéines d'origine alimentaire (β-lactoglobuline, α-lactalbumine, lactotransférine) dans la partie supérieure de la lumière intestinale chez l'homme et l'animal. La muqueuse intestinale joue un rôle d'interface majeur en réponse à des variations de l'apport protéique. Lorsque cet apport augmente, la muqueuse intestinale se trouve confrontée à un afflux d'acides aminés et de di- et tri- peptides dont elle assure l'absorption à l'aide de systèmes de transport spécifiques (co-transport H+/peptide électrogénique) de haute affinité correspondant à une protéine de 707 résidus amino acides (Pept-1) avec 12 domaines transmembranaires [120]. Elle est localisée dans la membrane apicale des entérocytes. La digestion des aliments étant incomplète, une fraction de l'ordre de 2% de polypeptides et de protéines résiste à la dégradation et se retrouve sous forme intacte au contact de la muqueuse intestinale.

Matériels et Méthodes

3. Matériels et méthodes

3.1. Animaux, régimes

- *Animaux*

Les animaux utilisés lors des différents protocoles sont des rats de race Wistar(Harlan, Ganat, France). Ce sont des rats mâles pesant entre 175 et 185g (180±2,27g). Les animaux sont traités conformément aux conseils relatifs à la protection et l'utilisation des animaux de laboratoire (Coucil of European Communities, 1986) [121]. L'animalerie alimentée en air filtré est en surpression par rapport à l'extérieur. Elle est soumise à un cycle journalier de 12 heures de lumière suivies de 12 heures d'obscurité et la température est régulée à (22°C en moyenne). Les manipulations sont effectuées en respectant le bien-être de l'animal, excluant tout état de stress et de nervosité susceptible d'interférer avec les résultats. Les rats sont installés individuellement dans des cages, l'eau est fournie ad- libitum. Apres leur sevrage, les animaux sont soumis à une phase d'adaptation de 15 jours durant laquelle ils sont nourris à l'aide d'un aliment d'entretien (ONAB), et cela jusqu'à obtention d'un poids d'environ 180g.

- *Régimes*

Régime standard

Dans nos expériences nous utilisons l'aliment standard donné au groupe témoin et groupes expérimentaux. Cet aliment est une formulation standard de laboratoire, présenté sous forme de poudre, complète assurant les besoins pour l'élevage et la reproduction des rats (tableau 1). Dans l'autre expérience, nous utilisons un régime de base équilibré (dénommé AIN 93M), modifié en utilisant de la protéine de lait totale (PLT). Il est constitué à 14% de protéines totales de lait (P14%), d'amidon, de glucose, de fibres, de sels

Tableau 1 : Composition du régime d'entretien ONAB (régime standard)

Composition	Quantité (%)
Protéines végétales	14,5
lipides	7,5
Glucides	55,8
Cellulose	5,4
Humidité	11
Matière minérale	9,5
Energie métabolisable (kJ/g)	14,60

minéraux et de vitamines en quantité appropriées (tableau 2). Ce régime est aussi utilisé comme régime témoin pour les régimes hyperprotéiques. Il est fabriqué spécifiquement par l'atelier de préparation des aliments expérimentaux (INRA-UPAE, Jouy- en-Josas, France).

Régimes expérimentaux

Hormis la teneur en protéines et en glucides, la composition en vitamines, sels minéraux, et lipides est strictement identique entre le régime P14 (14% de protéines) et les régimes P50 (50% de PLT), G50 (50% de protéines de gluten) et S50 (50% de protéines de soja). Les régimes P14%; P50% de protéines totales de lait ; soja et gluten sont isocaloriques et isolipidiques. La composition en acides aminés des protéines utilisées dans nos expérience(PLT, gluten et protéines de soja) est représentée dans le tableau 3. Tous les régimes sont administrés ad-libitum pendant 60 jours, durée de notre expérimentation.

Durant toute la période expérimentale la consommation alimentaire et le poids des rats sont mesurés quotidiennement. Pour les besoins de l'expérimentation nous avons utilisé 96 rats. Les animaux ont été répartis en 5 groupes :

Le premier groupe (n=30), reçoit un régime normoprotéique à 14% de protéine (80% de caséines, 10% de SAB et 10% de mélange de β-lactoglobuline (β-lg) et d'α-lactalbumine (α-La).

Le deuxième groupe (n=30) reçoit un régime hyperprotéique à 50% de protéines(80% de caséine, 10% de SAB et de 10% de mélange de β-Lg et d'α-La).

Le troisième groupe (n=12) reçoit un régime ONAB (aliment d'entretien) qui contient 14,5% de protéines végétales.

Tableau 2 : Composition des régimes expérimentaux

Ingrédients	Quantités (g/kg)			
	P14 S50	P50	G50	
Protéines	140	500	500	500
Amidon de maïs	622,4	312,7	312,7	312,7
Saccharose	100,3	50	50	50
Huile de soja	40	40	40	40
Mélange des sels minéraux AIN93G	35	35	35	35
Mélange de vitamines AIN93G	10	10	10	10
Cellulose	50	50	50	50
Choline	2,3	2,3	2,3	2,3
Energie métabolisable (kJ/g)	14,59	15,59	14,65	15,87

Tableau 3 : Composition (%) en acides aminés des régimes expérimentaux: gluten, protéines de lait totales (PLT), et protéines de soja.

Acides aminés totaux	gluten	PLT	soja
asp	2,4	6,9	10,2
ser	4,3	5,0	4,9
glu	31,2	18,3	17,1
gly	2,7	1,6	3,7
his	1,7	2,2	2,3
arg	3,1	3,5	6,7
thr	2,2	4,1	3,5
ala	2,2	3,2	3,8
pro	9,6	8,4	4,6
cys	1,6	0,9	0,5
tyr	3,0	4,4	3,3
val	2,9	5,3	3,5
met	1,0	2,3	1,1
lys	1,0	6,8	4,9
ile	2,5	4,2	3,5
leu	5,5	9,1	6,8
phe	4,3	4,4	4,6
somme	80,9	90,7	84,9
Acides aminés libres	indétectables	indétectables	indétectables

Le quatrième groupe (n=12) reçoit un régime hyperprotéique à 50% de protéines de soja. Le cinquième groupe (n=12) reçoit un régime hyperprotéique à 50% de protéines de gluten.

3.2. Bilans nutritionnels

Afin d'évaluer l'efficacité nutritionnelle des différents régimes administrés, des bilans nutritionnels sont réalisés aux trois périodes suivantes : bilan I : du 1er jour au 7ème jour, bilan II : du 24ème jour au 30ème jour, bilan III : du 54ème jour au : 60ème jour. Ces bilans sont réalisés sur 6 rats de chacun des cinq groupes. Les animaux sont placés dans des cages métaboliques individuelles. Le poids des rats et la nourriture ingérée sont déterminés quotidiennement, les urines et les fèces sont collectées durant les 7 jours du bilan. Les urines de 24H sont recueillies, dans lesquelles on a ajouté un antiseptique (thymol/isopropanol à 10%), puis conservées après filtration à 4°C. Les fèces sont recueillies, pesées puis séchées dans une étuve à 60°C. Leur poids sec est alors déterminé, puis sont broyées. L'azote est déterminé selon la méthode de Kjeldhal [122]. Les bilans azotés (BA), les coefficients d'utilisation digestive apparent de l'azote (CUDN) sont calculés aux 3 périodes de bilans (BI, BII, BIII).

3.3. Analyses biochimiques

3-3.1. Dosage des protéines totales de lait

Pour s'assurer de la teneur en taux des protéines totales incorporées aux régimes expérimentaux (14% et 50% PLT), nous avons procédé à leur analyse par la méthode de Lowry et al. (1951)[177]. Le dosage s'effectue sur des échantillons de protéines totales de lait incorporées aux régimes. Le principe consiste en l'addition successive, à une solution protéique diluée, d'un sel de cuivre en milieu alcalin, puis d'un réactif de phénol de

Folin-Cieucalteus qui donne une coloration bleue, dont l'intensité est proportionnelle à la quantité de protéines de l'échantillon. La composition des solutions utilisées pour le dosage des protéines totales figure dans le tableau 4. La lecture se fait au spectrophotomètre Perkin- Elmer Colemar 55 par absorbance, dans une cuve en quartz à 750 nm. La concentration protéique est mesurée par comparaison à une courbe étalon obtenue avec la sérum-albumine bovine.

Tableau 4 : Composition des solutions utilisées pour le dosage des protéines totales selon la Technique de Lowry et al., [177].

Solution A	Na CO3 anhydre	2% dans la solution de la soude 0,1N
Solution B1	CuSo4	5%
Solution B2	Tartrate de K et de Na anhydre	10%

Solution à préparer extemporanément :

Solution B : 1 ml de la solution **B1** + 1 ml de la solution **B2** + 8 ml d'eau distillée

Solution C : 1 ml de la solution **B** + 50 ml de la solution **A**

Solution E : Réactif de Folin dilué au demi (V/V) dans de l'eau distillée.

3-3.2. Electrophorèse des protéines

Afin d'identifier les différentes protéines de lait incorporée aux régimes, nous avons procédé à leur analyse par électrophorèse sur gel de polyacrylamide en présence de dodécylsulfate de sodium (SDS). Le gel de polyacrylamide forme un tamis moléculaire, ralentissant la migration des protéines selon leur poids moléculaire. En présence de SDS et de 2-mercaptoéthanol, les liaisons disulfures sont rompues et la protéine dénaturée, ce qui permet la séparation électrophorétique des éléments constitutifs de la protéine c'est à dire, leurs diverses chaînes polypeptidiques.

3.4. Prélèvements sanguins

Des prélèvements de sang sont effectués au niveau de la queue des animaux selon la méthode de Waynforth (1980) [123] aux jours J0, J21, J42 et J60. Pour les besoins de cette expérience les rats sont maintenus dans une étuve à 37°C pendant 15 minutes. Cette action entraîne la vasodilatation périphérique. 1ml de sang est récupéré dans des tubes héparinés qui sont centrifugés à 3500 tours /minutes pendant 15 minutes à 4°C. Le surnageant correspondant au sérum est séparé du culot globulaire et congelé à -25°C jusqu'à analyse.

3.5. Dosage des IgG sériques anti protéines de lait

Le dosage immunoenzymatique ELISA (Enzyme –Linked-Immunosorbent Assay) est effectué sur plaques de microtitration en polystyrène de 96 puits à fond plat qui permettent l'adsorption de la plupart des protéines diluées en milieu alcalin. La plaque est d'abord mise au contact de l'antigène dilué à la concentration de 2 µg/ml de tampon carbonate-bicabonate 0,01M à pH 9,6 (tableau5). Chaque puit reçoit 100µl de cette solution. La plaque est mise à incuber pendant

Tableau 5 : Composition du tampon carbonate-bicarbonate (0,1M), pH=9,6.

Solution	Mode de préparation
Tampon carbonate bicarbonate **(0,1M), pH=9,6**	Solution (1), (1M): 10,59g Na_2CO_3+100ml H_2O Solution (2), (1M): 10,08g $NaHCO_3$+100ml H_2O Solution (3), (1M): 90ml Solution (1)+110ml Solution (2) **Tampon carbonate (0,1M), pH=9,6**: Solution (3) diluée au 1/10ème

une heure à 37°C. La plaque est ensuite vidée, lavée 10 fois avec un tampon PBS-TWEN 20 0,01M à pH 7,4 puis séchée (tableau 6). Tous les puits reçoivent 100µl de PBS-TWEEN 20. Nous déposons ensuite 50µl de sérum correspondant aux prélèvements J0, J21, J42 ou J60 contenant les anticorps à doser, préalablement dilués au $1/10^{ème}$ dans les puits de la rangée A de la plaque, réalisant ainsi une dilution du sérum au $1/30^{ème}$. A partir de la ligne A une série de dilution de raison 3 est effectuée en direction des puits des autres rangées jusqu'à la dernière ligne H au niveau de laquelle la dilution finale du sérum obtenu est de $1/65610^{ème}$. Après cette opération, la plaque est mise de nouveau à incuber pendant une heure à 37°C, puis lavé 10 fois au PBS-TWEEN 20 et séchée. Chaque puit reçoit 100µl d'antisérum anti-IgG conjugué à la peroxydase (Sigma) préalablement diluée au $1/3000^{ème}$ dans le PBS-TWEEN 20. Après une heure d'incubation à 37°C, la plaque est vidée, rincée au PBS-TWEEN 20 et séchée. 100 µl d'une solution contenant le chromogène (OPD: 5mg dilués dans 26ml de tampon citrate pH 4) ainsi que 15µl de H_2O_2 (tableau 7, 8) à sont déposés dans chaque puits de la plaque. Cette réaction se déroule à l'obscurité, sous agitation et dure 15minutes. La réaction est stoppée par l'addition de 50 µl de H_2SO_4 6N. L'intensité de la réaction colorimétrique est mesurée à 492 nm à l'aide d'un lecteur automatique (EL x 800). Les titres en IgG des sérums ainsi testés sont exprimés par l'inverse de la plus haute dilution de sérum supérieur au bruit de fond.

Tableau 6 : Composition du tampon PBS-Tween, 1M, pH=7,4.

Solution	Mode de préparation
Tampon PBS-Tween **1M, pH=7,4**	Solution (1), (1M): 3,402g KH_2PO_4+250ml H_2O Solution (2), (1M): 8,7g KH_2PO_4+500ml H_2O Solution (3), (1M): Solution(1)+ Solution (2) jusqu'à obtention du pH=7,4 **PBS-TWEEN,(0,01M), pH= 7,4** **20ml** Solution (3)+ 8g Nacl + 1ml Tween 20+H_2O QSP 2 litres

3.6. Sacrifice des animaux

Au 60 ème jour de régime, l'animal maintenu à jeun depuis la veille au soir en vue de son sacrifice au lendemain est anesthésié au chloral à 10% à raison de 3ml/kg. Après laparotomie, à l'aide d'une seringue hépariné le sang a été recueilli, par ponction au niveau de la veine abdominale et congelé à-20°C pour analyses ultérieures.

L'intestin est dégagé, puis le segment jéjunal est séparé du reste de l'intestin et est divisé en deux parties. Une partie est fixée au formol à 10% pour l'étude histologique et l'autre partie est destinée à l'étude en chambre de Ussing.

Les organes du rat tels que; le cœur, le foie, la rate, l'estomac, les reins, les poumons les surrénales, la peau, la carcasse et les différents tissus adipeux comprenant le tissu adipeux blanc (mésentérique, épididymaire, sous cutané et rétropéritonéal) et le tissu adipeux brun sont soigneusement prélevés, rincés avec du NaCl 9 ‰ puis pesés.

3.7. Etude histologique

Cette étude a pour but de vérifier l'existence d'une infiltration lymphocytaire au niveau de la muqueuse intestinale ainsi que la présence d'une atrophie villositaire en réponse à l'ingestion d'un régime.

Tableau 7: Composition du tampon citrate pH=4

Solution	Mode de préparation
Tampon citrate pH=4	294 mg citrate + 472µl acide acétique + H2O jusqu'à obtention du pH= 4

Tableau 8: Composition de la solution de révélation d'orthophénylène diamine (OPD)

Solution	Mode de préparation
Solution de révélation (OPD)	8 mg OPD + 26ml tampon citrate pH=4 + 15µl H2O2

hyperprotéique. L'étude histologique a été faite sur des fragments isolés d'intestin de rats : témoins ayant ingérés (14%) de protéines et des rats expérimentaux ayant ingérés des régimes hyperprotéiques (50%) de protéines totales de lait (50%) de protéines de soja (50%) de protéines de gluten. Au total 96 fragments intestinaux ont été étudiés selon le protocole suivant : 30 fragments intestinaux de rats ayant ingérés 14% de protéines totales de lait,12 fragments intestinaux de rats ayant ingérés 14,5% de protéines végétales, 30 fragments intestinaux de rats ayant ingérés 50% de protéines totales de lait, 12 fragments intestinaux de rats ayant ingérés 50% de protéines de soja, 12 fragments intestinaux de rats ayant ingérés 50% de protéines de gluten.

3-7.1. Préparation des échantillons

Tous les fragments intestinaux sont prélevés et directement fixés dans du formol à 10%. La fixation a pour but essentiel d'assurer une immobilisation des constituants cellulaires ou tissulaires dans un état aussi voisin que possible de l'état vivant [124]. Donc la fixation doit être immédiate après le prélèvement, pour empêcher une putréfaction du tissu par autolyse (destruction tissulaire par les enzymes qu'il contient en lui-même) et par altération microbienne (putréfaction). Le volume du fixateur doit être de 20 à 50 fois celui du prélèvement. Les fragments intestinaux séjourneront de 12 à 24 heures dans le fixateur et y seront totalement immergés. Aucun fragment ne doit flotter au dessus du fixateur car la fixation ne sera ni bonne ni homogène. Ce temps est toutefois à adapter selon la consistance et la taille du tissu.

L'inclusion a ensuite pour but d'empêcher la fragmentation des tissus et d'enfermer, le prélèvement dans une substance qui le pénètre et l'infiltre. Les tissus acquièrent ainsi une consistance qui permet d'obtenir des coupes minces au microtome.La substance d'inclusion, généralement la paraffine, est une substance liquide à chaud, solide à température ambiante, insoluble dans l'eau: il n'est pas possible d'y plonger un tissu fixe, toujours très chargé d'eau: il est donc nécessaire d'effectuer au préalable une déshydratation que l'on réalise le plus souvent par l'alcool absolu. La paraffine n'étant pas davantage soluble dans les alcools, il faut ensuite passer le fragment déshydraté dans un milieu intermédiaire, soluble à la fois dans l'alcool et la paraffine (par exemple toluène, xylène, chloroforme…).

La déshydratation permet l'élimination d'eau du fragment d'intestin en plongeant celui-ci dans l'alcool choisi (alcool éthylique) pendant un temps suffisant à degrés croissant: alcool à 70°, 90° et alcool absolu 100°. La durée de la déshydratation est en fonction du volume des fragments tissulaires. Le prélèvement est d'abord déshydraté (immersion dans des bains successifs d'alcool à concentrations croissantes jusqu'à l'alcool absolu): alcool à 70° pendant 25 minutes, alcool à 90° pendant 25 minutes, alcool à 90° pendant 25 minutes, alcool à 100° pendant 25 minutes.

Un solvant de la paraffine est destiné à chasser l'alcool par deux bains successifs de toluène ou de xylène pendant 10 minutes puis 15 minutes.

L'imprégnation par la paraffine est effectuée dans un premier bain de paraffine à l'état liquide par séjour dans une étuve dont la température est réglée légèrement au dessus de son point de fusion, 56°C durant une heure. Chimiquement la paraffine est un mélange d'hydrocarbure solide satiné, à poids moléculaire élevé (parum affinis: faible affinité ; cette substance est en effet caractérisées par son indifférence aux agents chimiques). Elle se présente sous forme de substance blanche, légèrement translucide, inodore, onctueuse au toucher.

On imprègne les fragments d'intestins dans deux bains successifs de paraffine; le premier bain durant une heure et le deuxième bain durant deux heures. Ces bains doivent être fréquemment changés car ils se chargent progressivement de solvant. La persistance de toluène abaisse le point de fusion de la paraffine rendant donc celle-ci plus molle et moins propre à la coupe. A la sortie du dernier bain de paraffine, l'échantillon est déposé dans la paraffine fondue vierge que l'on coule dans des moules (cassettes d'inclusions); puis on laisse refroidir la paraffine.

Le refroidissement de cette paraffine amène sa solidification en un bloc prêt à être coupé. La durée totale de l'opération d'inclusion est de 24 à 48 heures suivant l'épaisseur du prélèvement.

3-7.2. Coupe, étalement des coupes et coloration (nucléaire et topographique générale)

Le microtome permet d'obtenir des coupes dont l'épaisseur est de 3 à 4µm. La coupe proprement dite s'obtient par passage régulier de la pièce à couper devant la lame du microtome. A chaque passage, celui-ci enlève une tranche d'épaisseur réglable. On peut effectuer des coupes isolées ou bien pour la reconstitution totale d'un prélèvement, réaliser des coupes sériées, disposées en forme de ruban. Les rubans de paraffine obtenus sont plissés et doivent être étalés sur un milieu liquide légèrement chauffé afin que les plis disparaissent et que la coupe acquière une planéité parfaite. Le collage des coupes se fait sur une lame de verre qui est recouverte d'une solution d'albumine (2g d'albumine + 50ml de glycérine dans 1000 ml d'eau distillée) qui maintient la coupe sur la lame. Sur chaque lame de verre porte-objet est gravée le numéro d'identification du bloc.

L'étalement de la coupe se fait sur une platine chauffante réglée à une température de 40°C ; inférieure à celle du point de fusion de la paraffine (56°C). Les coupes égouttées et mises dans des portoirs sont ensuite séchées dans une étuve à température ambiante jusqu'au moment de la coloration.

La paraffine est hydrophobe tandis que les colorants sont hydrophiles. C'est pourquoi la coloration des coupes comporte une étape de déparaffinage et de réhydratation. Cette étape est assurée par une succession de bains, d'abord dans deux bains d'un solvant permettant l'élimination de la paraffine (toluène ou xylène) et ceci durant 2 minutes à chaque bain. Puis dans des alcools de titre décroissant, de 100° jusqu'à 70°durant 2 minutes à chaque bain, enfin rinçage à l'eau pure assurant la réhydratation finale. Chaque bain dans un solvant est fait dans un flacon cylindrique adapté appelé tube de Borel (figure 9).

Après réhydratation, la coupe est colorée, le but de la coloration est de renforcer le contraste et de rendre plus évidents les différents constituants cellulaires et tissulaires ainsi que les substances extrinsèques. Les lames ont été colorées à la coloration de l'émalun-éosine, c'est la plus simple des colorations « combinées » on a fait agir successivement un colorant nucléaire « basique » l'hématéine, et un colorant cytoplasmique « acide », l'éosine.

Tubes de Borel

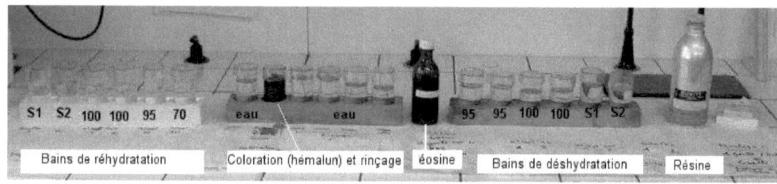

Bains, colorants et résine de montage

Coupes fines d'intestin de rat sur lame

Figure 9: Représentation de la technique de préparation de coupes histologiques pour le microscope photonique

La coloration du noyau est bleu foncé et le cytoplasme rose à rouge.

La coloration des lames a été réalisée comme suit: plonger les lames dans l'hématoxyline de Harris (tableau 9) durant 2 à 3 minutes, rincer les lames dans de l'eau de robinet, mettre les lames dans un bain d'alcool éthylique pendant 1 à 2 minutes, colorer les lames à l'éosine alcoolisée (2g d'éosine dans 100ml d'alcool) pendant 5 minutes. Il faut alors procéder à la déshydratation, opération inverse de celle menée au début, avant de pouvoir faire le montage. La déshydratation est réalisée en plongeant successivement la lame dans deux bains d'alcool à 70° puis à 95° et dans un bain de solvant (toluène ou xylène) pendant 1 minute. On procède ensuite au montage des coupes qui permet la protection mécanique de la préparation, la conservation des colorations et l'obtention d'un degré de transparence et d'un indice de réfraction avantageuse d'un point de vue optique.

Après coloration une goutte de résine de montage (par exemple, Eukit ou Baume de Canada) est disposée sur la coupe, une lamelle est appliquée de façon à ce que la résine recouvre l'ensemble de la coupe. Lors de la manipulation, aucune bulle d'air ne doit s'insérer entre la lame et la lamelle. La résine polymérise en une vingtaine de minutes mais on peut accélérer le processus en plaçant la lame sur une plaque d'histologie à 50°C ou simplement sur un radiateur. Après le montage, les coupes sont rangées dans des boites spécifiques à l'abri de la poussière.

3-7.3. Mesure des villosités intestinales et comptages des L.I.E

- **Mesure des villosités intestinales**

Le relief villositaire au niveau du jéjunum est apprécié suivant différents critères, essentiellement la hauteur villositaire.

Tableau 9 : Composition et préparation du colorant à l'hématoxyline de Harris

Hématoxyline	5g
Ethanol	50ml
Alun de potassium	100ml
Faire bouillir le mélange	
Oxyde mercurique	2,5 g
Chauffer la solution et filtrer avant usage	

La mesure de la hauteur villositaire constitue un critère essentiel. Cette mesure renseigne sur l'existence d'une éventuelle atrophie villositaire chez les rats ayant consommé le régime hyperprotéique (50%) [PLT, S, G]. Les mensurations des hauteurs sont effectuées sous un microscope optique muni d'un micromètre oculaire. Pour déterminer le nombre de microns correspondant pour chaque objectif, nous plaçons sous le microscope un micromètre objectif qui est une sorte de lame présentant des graduations. Nous déterminons le nombre de divisions sur le micromètre objectif. Ce nombre correspond à un nombre précis de microns.

Nous avons utilisés un micromètre à 200 divisions qui correspondent à 2mm donc à 2000µm. Le micromètre oculaire comporte 100 divisions. Ces 100 divisions correspondent à 128 divisions sur le micromètre objectif pour l'objectif (x10). Puisque les 200 divisions sur le micromètre objectif correspondent à 2000µm, donc les 128 divisions correspondent à 128µm. Les 100 divisions du micromètre oculaire correspondent à 1280µm donc une division correspond à 12,8µm pour l'objectif (x 10). Le même principe de calcul est appliqué pour les autres objectifs. Pour l'objectif (x 25) nous avons une division correspondant à 5,2µm.

On procède aux calculs des moyennes des hauteurs villositaires de l'épithélium des 5 groupes de rats ayant suivi des régimes à 14% et 50% de protéines.

- **Comptage des lymphocytes intra épithéliaux (L.I.E)**

Pour le comptage des lymphocytes intra- épithéliaux nous utilisons la méthode préconisée par Rouquette (1980) [125]. Pour chaque tissu, nous réalisons trois comptages, en effectuant dans un premier temps une numération de 100 entérocytes, ce qui permet d'avoir le nombre de lymphocytes intra-épithéliaux (LIE) pour 100 entérocytes. Le comptage des lymphocytes sur 100 entérocytes recouvre une étendue épithéliale suffisamment importante. En résumé, pour obtenir un comptage fiable des (LIE); deux conditions doivent être réunies : effectuer le comptage sur 100 entérocytes contigus, et renouveler ce comptage sur 3 champs différents et si possible sur des fragments d'intestin différents. Ce comptage nous permettra de comparer le nombre de (LIE) des 5 lots de rats ayant suivi des régimes normoprotéiques et hyperprotéiques.

3.8. Mesure du courant de court-circuit en chambre de Ussing

Notre but dans cette partie du travail est de rechercher une éventuelle réponse anaphylactique locale en stimulant des fragments jéjunaux des rats avec des protéines du lait des régimes administrés. La chambre de Ussing est une méthode fondamentale pour l'étude et la compréhension des mécanismes du transport intestinal. Ce dispositif expérimental (figure 10) a été conçu à l'origine par Ussing et Zérahn en 1951[126] pour la mesure des flux ioniques au travers d'un épithélium. Le prélèvement intestinal est vidé de son contenu par deux ou trois rinçages au Ringer froid (tableau 10), puis est conservé momentanément dans cette solution et oxygéné par un courant de carbogène (CO_2 : 5%, O_2 : 95%). A l'aide de pinces et après une légère incision le long du bord mésentérique, la séreuse ainsi que la couche musculaire longitudinale externe sont délicatement retirées. L'intestin est alors ouvert selon le bord mésentérique et découpé en fragments. Le tissu isolé est monté à plat entre deux demi-chambres de Lucite dont l'ouverture déterminant la surface est adaptée à la taille du fragment à étudier (0,1 à 0,2cm^2). Les deux faces du tissu déterminent les compartiments muqueux (représentant la lumière intestinale) et séreux (représentant la circulation sanguine) et baignent dans une solution de Ringer 140mM, pH 7,4. Le

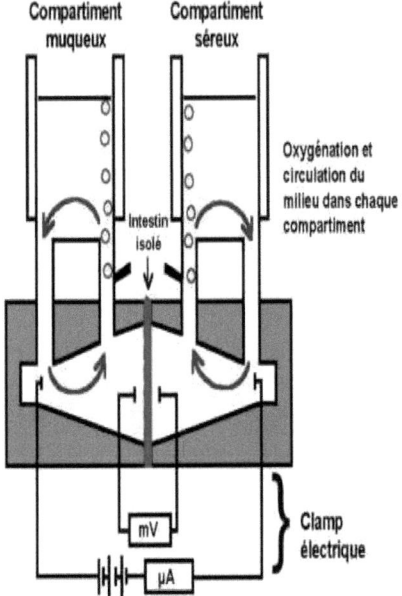

Figure 10 : Représentation schématique de la chambre de Ussing

Tableau 10: Composition de la solution de Ringer

Na++	140mM	Cl-	120mM
K++	5,2mM	HCO3-	25mM
Ca++	1,2mM	HPO4-	2,4mM
Mg++	1,2mM	H2PO4	0,4mM
Le pH s'ajuste à 7,4 par bullage du mélange gazeux O2/CO2 (95/5: V/V) qui assure le brassage du milieu			
Na CL..........6,72g NaHCo3.......2,10g Solution 1.....50ml Solution 2.....100ml **Solution 1:** MgCl2-6H2O....4,86g CaCl2 anhydre 2,66g H2O distillée QSP 1000ml **Solution 2:** K2HPO4.....4,16g KH2PO4.....0,54g H2O distillée QSP...1000ml			

dispositif est maintenu à 37°C et oxygéné par un courant de carbogène (O_2: 95%, CO_2: 5%). Cette méthode permet d'analyser, in vitro, les paramètres électriques caractérisant un tissu en mesurant la différence de potentiel la (DDP), la conductance du tissu (G), les variations du courant du court circuit (Isc) ainsi que les flux unidirectionnels Jms et Jsm (m: muqueux; s: séreux) et des flux nets (différences des flux unidirectionnels) d'une substance S à travers l'épithélium.

Un fragment d'intestin de rat, ouvert longitudinalement, est monté entre deux demi-chambres définissant un compartiment muqueux et un compartiment séreux. Un dispositif électrique permet de mesurer, en continu, les paramètres électrophysiologiques du tissu

La différence de potentiel transépithéliale (DDP, en mV) est mesurée avec des électrodes au calomel (4g/100ml de KCL 3M). Des électrodes Ag/AgCl reliées à un ampèremètre, permettent le passage du courant à travers le système et d'envoyer de courtes impulsions de courant ($I=10\mu A$) à travers le tissu. Ce courant externe appelé courant de court-circuit (Isc, en µA) est appliqué pour annuler en permanence la DDP. Il est délivré à l'aide d'un système automatique (voltage-clamp, WPI) qui compense ainsi la résistance du liquide et du tissu. La détermination d'Isc (µA) permet de calculer la résistance R par unité de surface de tissu (Ω/cm^2) en utilisant la loi d'Ohm (U=R.I), ou son inverse, la conductance ($G=1/R=I/U$, mS/cm^2). La loi d'Ohm permet de calculer également l'intensité I qui représente la somme algébrique des flux ioniques actifs à travers l'intestin.

3.9. Analyse statistique

Les résultats sont présentés sous forme de la moyenne et écart type (X ± ET). Les différents tests utilisés : Le seuil de signification retenu est celui qui est habituellement considéré, soit 5%,, les comparaisons de deux moyennes sont réalisées en moyen d'un test *t de student*, les comparaisons de plusieurs moyennes sont réalisées par l'analyse de variance (ANOVA).

Résultats

4. Résultats

4.1. Analyses biochimiques des protéines totales

L'objectif de cette étape initiale du travail est de vérifier la teneur en protéines totales du lait des deux régimes. Pour cela, nous avons utilisés la méthode de Lowry qui à l'avantage de combiner une réaction au biuret et une réaction de Folin-Ciocalteus. Les résultats obtenus montrent que les protéines totales du lait incorporées dans nos régimes sont à la concentration de 0,86±0,02 mg/g.

L'électrophorèse sur gel de polyacrylamide en présence de SDS est réalisée pour identifier et établir le profil exact des protéines incorporées dans nos régimes. Les résultats obtenus révèlent la présence de toutes les protéines du lait dont l'existence de plusieurs bandes traduisant la migration de différentes protéines (figure 11). Comparées à des protéines d'un kit marqueur de référence (Sigma), les bandes obtenues sont identifiées par ordre de vitesse de migration à la SAB (68000 Da), aux caséines (24000Da), et à l'α-La (14000Da).

4.2. Influence du régime hyperprotéique contenant de la PLT, Soja ou Gluten sur l'évolution de la prise alimentaire et du poids corporel

L'objectif de cette expérience est de mettre en évidence, dans nos conditions expérimentales, la dépression de la prise énergétique induite par l'ingestion de 3 régimes hyperprotéiques (HP) contenant des protéines totales de lait, du soja et du gluten, chez des rats adaptés à un régime normoprotéique (NP) et de comparer l'évolution de la prise énergétique et du poids corporel des rats recevant un régime HP (P50) et des rats recevant un régime NP (P14).

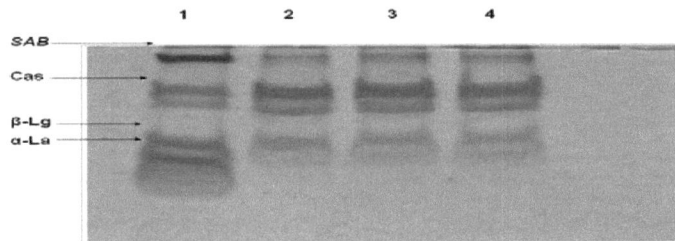

Figure 11: Electrophorèse sur gel de polyacrylamide- SDS des protéines du lait incorporées dans les régimes P14PLT et P50 PLT.

1: Kit de référence contenant la sérum albumine bovine (68000Da), les caséines (24000Da), la β-Lactoglobuline (18000Da) et α-Lactalbumine (14000 Da).

2,3 et 4: Protéines totales du lait des deux régimes (les puits 3 et 4 sont une répétition du puit 2).

Des rats Wistar mâles (n=96) ont été répartis en 5 groupes de rats, dénommés respectivement (NP14% PLT), (NP14,5% protéines végétales), (HP50% PLT),(HP50% S), (HP50% G), et nourris ad libitum pendant 2 mois (J1- J60). Les quantités d'aliments consommées par les animaux ainsi que leur poids corporel ont été mesurés à (J0) et durant l'expérience (J1- J60).

4-2.1. Influence du régime hyperprotéique contenant de la PLT sur l'évolution de la prise alimentaire, le poids corporel et le poids des organes

Dans cette partie nous évaluons les conséquences de la consommation par les rats de régime à 14% et à 50% de protéines de lait totale sur l'évolution de leur poids corporel, leur gain de poids et leur prise alimentaire et énergétique journalière. Pendant l'expérience, on observe une évolution régulière du poids corporel des deux groupes. A J0, le poids corporel des deux groupes de rats est comparable, elle n'est pas significativement différente [P14 (180,2 ± 1,14g);[P50 (181,2 ± 2,99g)]. Cependant, dès le 35ème jour, le poids corporel des rats nourris au P50 PLT augmente moins par rapport aux rats nourris au P14% PLT, il est significativement diminué. (0,01≤ p ≤0,05) (figure 12). Au dernier jour de l'expérience, le gain de poids est de 144,8 ± 24,1g (79% du poids initial) dans le groupe HP (P50) PLT et de 175,9 ± 22,9g (98% du poids initial) dans le groupe NP (P14) PLT (0,01≤ p ≤0,05) (figure 13).

A J0, la prise alimentaire des deux groupes de rats n'est pas significativement différente. Pendant l'expérience (J14-J60), les rats nourris au P50PLT diminuent significativement leur prise alimentaire par rapport au groupe P14% PLT.Au terme des 60 jours d'expérimentation, la prise alimentaire journalière moyenne est de l'ordre de17,56 ± 1,03g pour le groupe P50% PLTcontre

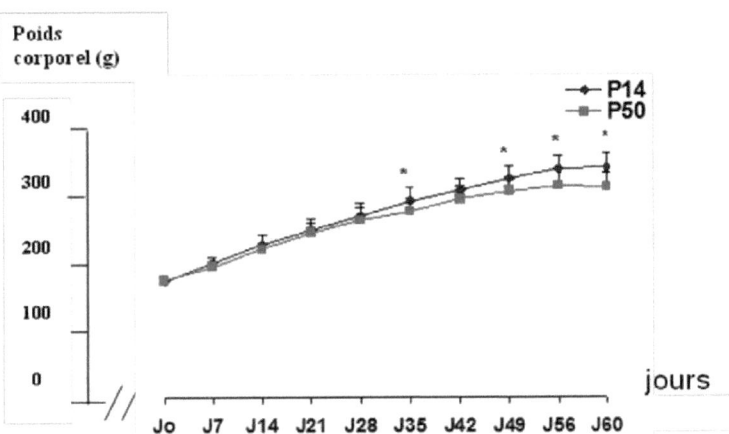

Figure 12 : Evolution du poids corporel des rats nourris au P14%PLT et des rats nourris au P50%PLT ad libitum pendant toute l'expérience. Au préalable, les deux groupes de rats ont été adaptés durant 15 jours à un aliment d'entretien. Ensuite, chaque groupe a reçu son régime correspondant pendant 2 mois d'expérimentation (J0-J60), (n=30 rats) pour chaque groupe.

*($0,01 \leq p \leq 0,05$)

Les valeurs présentées sont des moyennes et leur écart type (X±ET).

P14%PLT : Régime normoprotéique à 14% de protéines totales de lait.

P50%PLT : Régime hyperprotéique à 50% de protéines totales de lait

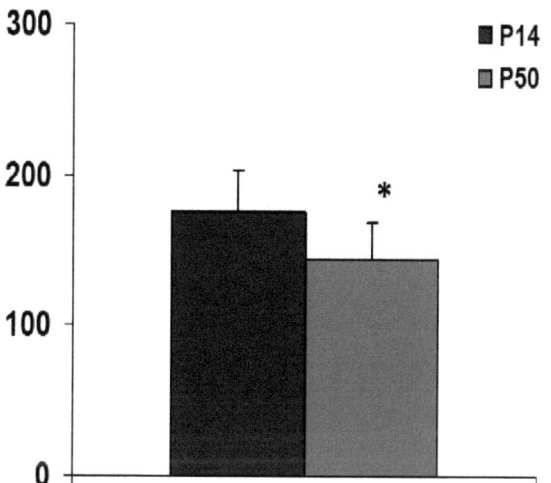

Figure 13: Gain de poids moyen cumulé à j60 des deux groupes P14%PLT et P50%PLT. n=30 rats pour chaque groupe pour chaque groupe

* ($0,01 \leq p \leq 0,05$)

Les données sont exprimées en moyennes et leur écart type (X±ET).

P14%PLT : Régime normoprotéique à 14% de protéines totales de lait.

P50%PLT : Régime hyperprotéique à 50% de protéines totales de lait

21,90 ± 0,95g pour le groupe P14% PLT (0,01≤ p ≤0,05) (figure14).La prise énergétique moyenne journalière correspond à 20,84 ± 1,22kj/j pour le groupe (P50) PLT contre 25,98 ± 1,15kj/j pour le groupe (P14) PLT. Au cours des 60 jours de l'expérience, la prise énergétique moyenne durant la période (j1-j60) dans le groupe expérimentale est de 254,48 ± 38,30kj/j en revanche, la prise énergétique dans le groupe témoin est de 313,11 ± 56,73kj/j. L'écart entre les prises énergétiques des deux groupes, est significatif. ($p<0,001$) (figure 15).

A j0, les animaux ne présentent pas de différence significative de poids corporel (P14PLT: 180,2 ± 1,14 g ; P50PLT: 181,2 ± 2,99g). Au terme de 60 jours d'expérience, la pesée des organes exprimée en (g) montre que le poids de la peau, de la carcasse et du tissu adipeux blanc du groupe P14PLT est significativement plus élevée que celui du P50PLT ($p<0,01$) (figure 16) (tableau 11). Ces résultats indiquent clairement que la réduction du poids corporel des animaux du groupe P50 PLT induite par le régime hyperprotéique est surtout la résultante d'une diminution de la masse adipeuse, de la carcasse et de la peau.

Ces résultats indiquent clairement que l'ingestion du régime hyperprotéiné à 50% PLT réduit significativement le poids corporel et la prise énergétique par rapport au régime normoprotéique à 14% PLT.

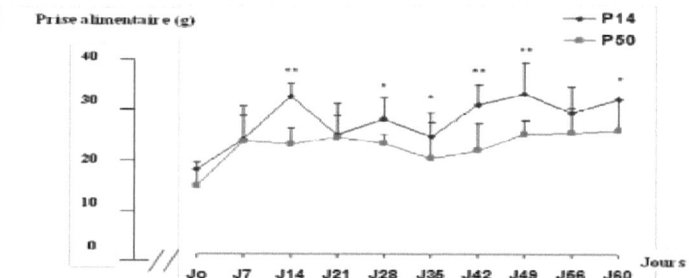

Figure 14: Prise alimentaire cumulée moyenne (g) journalière des deux groupes P50%PLT (n=30) et P14%PLT (n=30).

* (0,01≤ p ≤ 0,05).

** (p<0,01

Les valeurs présentées sont des moyennes et leur écart type (X ± ET).

P14%PLT: Régime normoprotéique à 14% de protéines totales de lait

P50%PLT: Régime hyperprotéique à 50% de protéines totales de lait

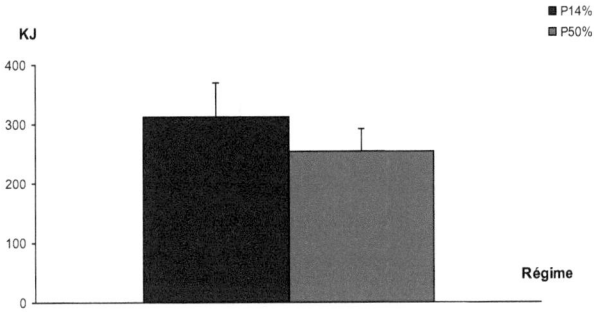

Figure15 : Prise énergétique moyenne cumulée des rats ayant ingéré des régimes normoprotéique et hyperprotéique pendant 2 mois d'expérimentation (n=30 rats), pour chaque groupe.
*** ($p<0,001$).
Les valeurs présentées sont des moyenne et leur écart type (X ± ET)
P14%PLT : Régime normoprotéique à 14% de protéines de lait totales.
P50%PLT : Régime hyperprotéique à 50% de protéines de lait totales

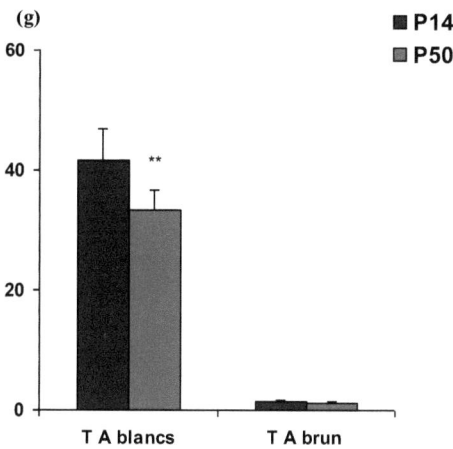

Figure16 :Poids des organes des rats soumis pendant 60 jours à un régime
normoprotéique à 14 % PLT et à un régime hyperprotéique à 50 %PLT (n=30 rats) pour chaque groupe
** (p<0,01)
Les valeurs présentées sont des moyennes et leur écart type (X ± ET).
P14 : régime normoprotéique à 14 %PLT
P50 : régime hyperprotéique à 50 %.PLT

Tableau 11: Poids des organes des rats soumis pendant 60 jours à un régime normoprotéique à 14% (n= 30) et à un régime hyperprotéique à 50% (n=30)

	Rats du groupe P14 (g)	Rats du groupe P50 (g)
Poids corporel	356,24 ± 23,06	323,93** ± 0,42
Foie	10,75 ±1,39	10,09 ±0,36
Rate	0,70 ±0,13	0,63 ± 0,09
Estomac	2,23 ± 0,47	1,94 ±0,22
Intestin	10,06 ± 1,10	9,97 ±0,48
Poumon	1,33 ±0,42	1,4 ±0,09
Cœur	0,95 ±0,16	0,95 ±0,14
Rein	2,20 ± 0,09	2,21 ±0,18
Surrénales	$0,08* 10^{-3}$ ± 0,01	0,07
Tissu adipeux blanc	41,75 ±5,05	33,34** ±3,26
Tissu adipeux brun	1,34 ±0,39	1,09* ± 0,27
Peau	54,07 ± 6,05	44,45** ± 3,53
Carcasse	186,60 ± 10,16	146,67** ±7,52

* ($0,01 \leq p \leq 0,05$)
** ($p<0,01$)
Les valeurs présentées sont des moyennes et leur écart type (X ± ET).

4-2.2. Influence de la nature du régime hyperprotéique contenant du soja et du gluten sur la prise alimentaire, le poids corporel et le poids des organes

Cette expérience a pour but de vérifier si les résultats obtenus avec la protéine de lait totale sont toujours valables quand d'autres protéines sont utilisées. Pour cela, nous avons comparé l'ingestion,et ses conséquences sur le poids corporel,des rats nourris avec un régime hyperprotéique (HP) contenant de la PLT (P50), avec ceux contenant la protéines de soja (S50), et la protéine de gluten (G50).

Des rats wistars mâles (n=36) sont habitués aux conditions d'environnement et adaptés au régime ONAB (P14,5), ils sont ensuite répartis en trois groupes, puis nourris ad libitum pendant deux mois (j1 - J60), avec un régime HP contenant 50% de protéines de soja (S50) ou de protéines de gluten (G50) et d'un régime NP contenant 14,5 % de régime ONAB. Les quantités d'aliments consommés par les animaux ainsi que leur poids corporel sont mesurés à la fin de la période de pré-régime (J0) et durant l'expérience (j1 - j60).

Pendant l'expérience, le poids corporel des trois groupes de rats P14,5% de protéines végétales (ONAB) (P14,5) P50% protéines de gluten (G50) et P50% protéines de soja (S50) n'est pas significativement différent au jour J0 [P14,5(180 ± 0,34g);G50 (180,01 ± 0,02g); S50 (180,68 ± 0,75g)]. Cependant, dès le 7ème jour, le poids corporel des rats nourris au S50% (210,36 ± 13,24g) augmente significativement par rapport aux rats témoins P14,5% (196,38 ± 7,33g) et aux rats nourris au G50% (197,64 ± 12,75g) (0,01≤ p ≤0,05).

Au terme de 60 jours d'expérience, les rats ayant ingéré un régime riche en protéine de soja atteignent un poids (392,71 ±44,75g) d'où une augmentation significative par rapport aux rats témoins (334,46 ± 28,32g) (p<0,01) (figure17).

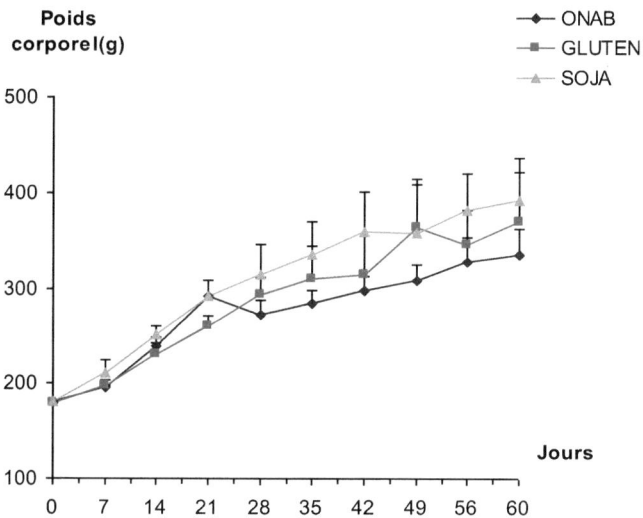

Figure 17: Evolution du poids corporel des rats nourris au P14,5 et des rats aux G50, S50 durant 2 mois d'expérimentation, (n= 12 rats) pour chaque groupe.

* (0,01≤ p ≤0,05)

** (p<0,01)

*** (p<0,001)

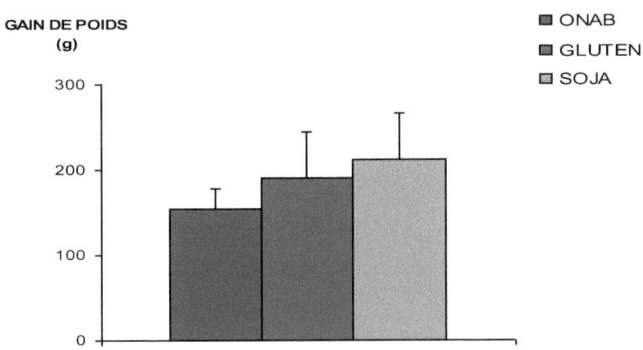

Figure 18: Gain de poids moyen des rats ayant ingéré des régimes normo et hyperprotéique (gluten, soja) pendant 2 mois d'expérimentation (n= 12 rats), pour chaque groupe
*(0,01≤ p ≤0,05).
Les valeurs présentées sont des moyennes et leur écart type (X ± ET)
P14,5 : régime normoprotéique à 14,5%
G50 : régime hyperprotéique à 50%
S50 : régime hyperprotéique à 50%

Au dernier jour de l'expérience, le gain de poids n'est pas significativement différent entre G50 et S50 ; 190,22 ± 54,7g dans le groupe HP (G50) ; 212,09 ± 31,51g dans le groupe HP (S50) mais comparé au groupe témoin ce gain de poids est plus important 154,08 ± 27,9g (0,01≤ p ≤0,05) (figure 18).

Durant la première semaine, de la prise alimentaire, la consommation journalière des rats nourris au S50 et G50 est diminué de façon significative par rapport au groupe de rats témoins (figure19) p<0,01. A j35 jusqu'à la fin de l'expérience, pour les rats nourris au P14,5 la prise alimentaire est augmentée

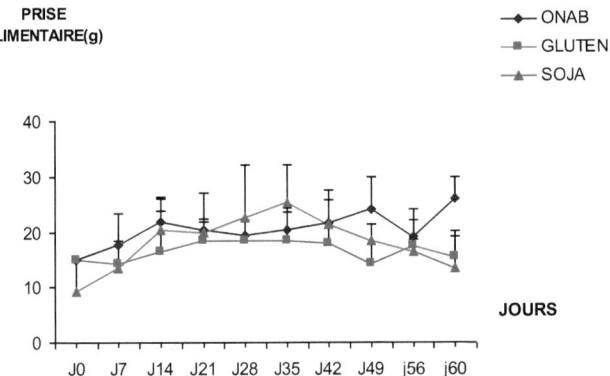

Figure19 : Consommation moyenne journalière des rats ayant ingéré des régimes normo et hyperprotéique durant 60 jours, (n=12) pour chaque groupe.

* (0,01≤ p ≤0,05).

** (p<0,01)

Les valeurs présentées sont des moyennes et leur écart type (X ± ET)

P14,5 : régime normoprotéique à 14,5%

G50 : régime hyperprotéique à 50%

S50 : régime hyperprotéique à 50%

significativement par rapport au deux groupes expérimentaux (0,01≤ p ≤0,05).

Au cours des 60 jours de l'expérience, la prise énergétique est réduite de façon significative pour le gluten ; la prise énergétique moyenne cumulée est de 298,82 ± 46,64kj/g pour le groupe témoin et celles des groupes S50 et G50 sont respectivement à 286,448 ± 76,94 kJ/g et de 243,23 ± 25,81kj (p< 0,01) (figure 20).

L'analyse de la composition corporelle montre que le poids de la peau et de la carcasse des groupes G50 et S50 est significativement plus élevé que celui du groupe témoin (p< 0,01) (figure 21). Aucune différence significative n'est observée entre les deux groupes S50 et G50. Le poids du tissu adipeux blanc du groupe S50 est significativement plus élevé que celui du groupe témoin p<0,01 (tableau 12).

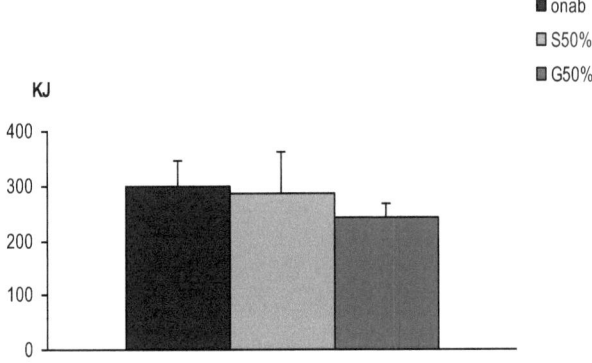

Figure 20: Prise énergétique moyenne cumulée des rats ayant ingéré des régimes
normoprotéique et hyperprotéique pendant 2 mois
d'expérimentation (n=12 rats), pour chaque groupe.
** ($p<0,01$)
Les donnés sont exprimées en moyennes et leur écart type (X ± ET)
P14,5 : régime normoprotéique à 14,5%
G50 : régime hyperprotéique à 50%
S50 : régime hyperprotéique à 50%

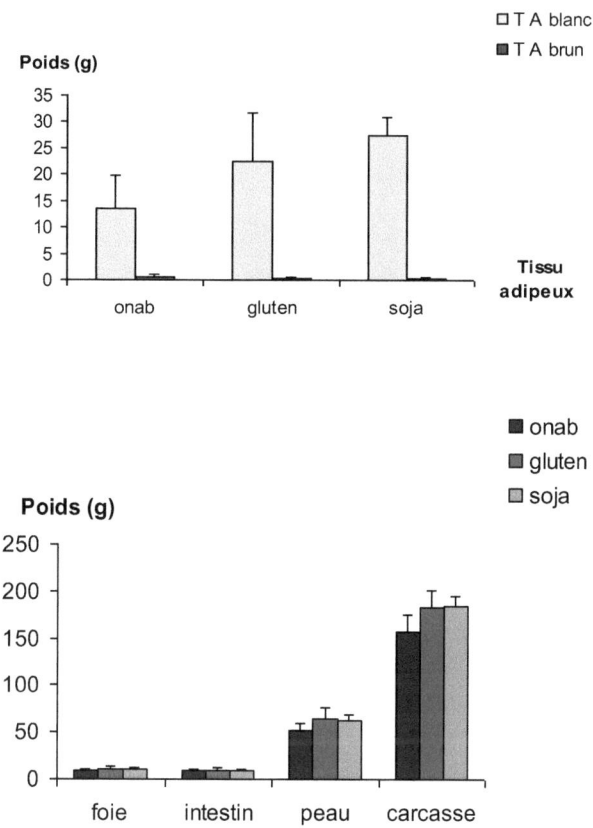

Figure 21: Poids des organes des rats soumis pendant 60 jours à un régime
à 14,5 % protéines végétales et à un régime hyperprotéique à 50 % gluten et 50% soja   (n=12 rats) pour chaque groupe
* (0,01≤ p ≤0,05)
** (p<0,01)

Tableau 12 : Poids des organes des rats soumis pendant 60 jours à un régime témoin et aux régimes hyperprotéiques à (50 % gluten et 50% soja)

	Rats du groupe onab (g)	Rats du groupe G50(g)	Rats du groupe S50(g)
Poids corporel	268,69 ± 47,04	285,93 ± 68,30	304,42** ± 74,31
Foie	9,12 ± 1,25	11,30 ±3,04	10,42 ± 1,08
Rate	0,37 ± 0,12	0,71 ± 0,07	0,66 ± 0,10
Estomac	1,81 ± 0,30	1,67± 0,25	1,87± 0,31
Intestin	9,16	9,37 ±2,36	8,55* ±1,47
Poumon	1,35 ± 0,35	1,43 ± 0,22	1,52 ± 0,12
Cœur	0,94 ± 0,13	1,10 ± 0,12	1,05 ± 0,14
Rein	2,11 ± 0,12	2,71 ± 0,64	2,49 ± 0,34
Surrénales	0,05 ± 0,03	0,09 ± 0,02	0,10 ±0,05
Tissu adipeux blanc	13,68 ± 6,21	22,62** ±	27,31** ±
Tissu adipeux brun	0,65 ± 0,45	0,38* ± 0,23	0,37* ± 0,15
Peau	51,74 ± 5,43	63,53** ±13,07	62,87** ± 7,80
Carcasse	156,33 ± 9,49	182,24** ± 18,81	184,90** ± 19,27

*(0,01≤ p ≤0,05)
** (p<0,01)
Les valeurs présentées sont des moyennes et leur écart type (X ± ET).

4.3. Bilan azoté (BA) des régimes normoprotéique P14 et hyperprotéique P50PLT

Compte tenu de la forte teneur en protéines dans le régime administré au groupe P50PLT, la quantité d'azote ingéré est très élevée par rapport à celui du groupe P14 au cours des 3 bilans nutritionnels (p<0,01). Au cours des 3 bilans, l'azote excrété urinaire et fécal est significativement élevé chez le groupe P50 par rapport au groupe P14 (p< 0,01). On observe cependant, que l'azote urinaire et fécal excrété diminue de BI à BII et de BII à BIII chez le groupe P14. En revanche, chez le groupe P50, l'azote excrété diminue de BI à BII puis augmente de nouveau, significativement de, BII à BIII aussi bien pour l'azote urinaire que pour l'azote fécal. Le bilan est calculé à partir de la relation suivante :

$$BA(\%) = \frac{N\ ingéré - (N\ urinaire + N\ fèces)}{N\ ingéré} \times 100$$

Pour le groupe P14, le bilan azoté augmente significativement de BI à BII et de BII à BIII. En revanche, chez le groupe P50, le bilan azoté augmente de BI à BII puis diminue de BII à BIII. D'autre part, en phase BI et BII, le bilan azoté du groupe P50 est significativement plus élevé que celui du groupe P14 (p<0,01). En BIII, on observe le phénomène inverse (p<0,01).

4-.4. Evaluation des titres des IgG sériques anti protéines du lait

Le fait de nourrir les rats avec des régimes à haute teneur en protéines du lait peut entraîner une sensibilisation orale à ces protéines ; c'est pourquoi nous avons recherché des anticorps sériques spécifiques. Une technique spécifique de dosage des anticorps a été utilisée pour mesurer la réponse immunologique des animaux après avoir consommé différents régimes, il s'agit de la méthode Elisa, qui nous a permis d'évaluer la réponse immuno systémique des animaux par la mesure des titres en IgG spécifiques dirigés contre les antigènes anti-protéines totales du lait, anti-β-Lg, anti-α-La, et anti-caséines. De façon générale, des anticorps spécifiques à toutes les protéines du lait des régimes sont détectés dans le sang des animaux des deux groupes (P14PLT, P50PLT). Les titres sont cependant variables en fonction de la nature de la protéine et de sa teneur. Ainsi les teneurs en titres IgG anti-caséines et anti-protéines totale montre une différence significative comparé aux titres IgG (anti- β-Lg, et anti-α-La) ($p<0,001$). Ainsi nous avons obtenu des titres très élevés en IgG des rats ayant consommé le régime à 14% de l'ordre de 1/263ème pour les antigènes anti-protéines totales du lait (figures 22, 23, 24 et 25).

Nos résultats suggèrent donc que la haute teneur en protéines de lait des régimes P14PLT et P50PLT administrés aux animaux induit un phénomène de immunisation orale à ces protéines.

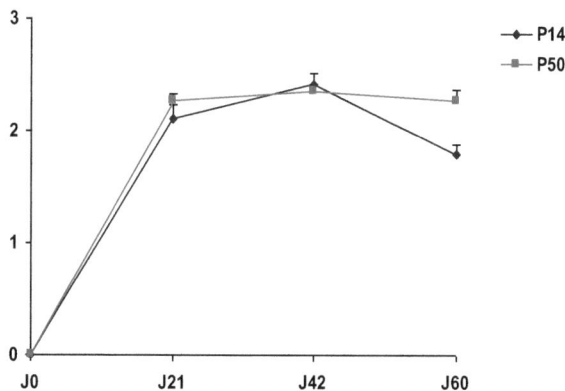

Figure 22 : Titres en IgG anti protéines totales du lait mesurés par Elisa chez les rats des groupes P14PLT et P50PLT
*** (p<0,001).
Les valeurs présentées sont des moyennes et leur écart type (X ± ET).

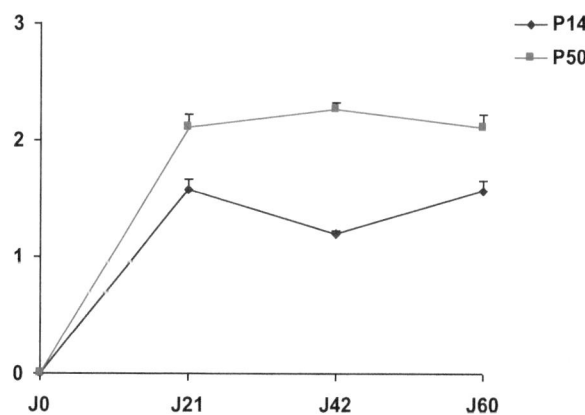

Figure 23. Titres en IgG anti caséines mesurés par Elisa chez les rats des groupes P14PLT et P50PLT
*** (p<0,001).
Les valeurs présentées sont des moyennes et leur écart type (X ± ET)

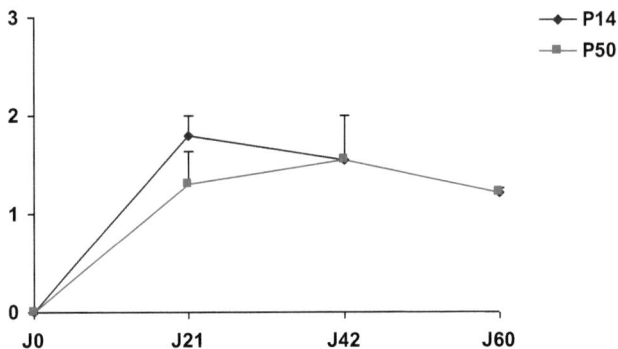

Figure 24. Titres en IgG anti α-La mesurés par Elisa chez les rats des groupes P14PLT et P50PLT
* (0,01≤ p ≤ 0,05).
Les valeurs présentées sont des moyennes et leur écart type (X ± ET).

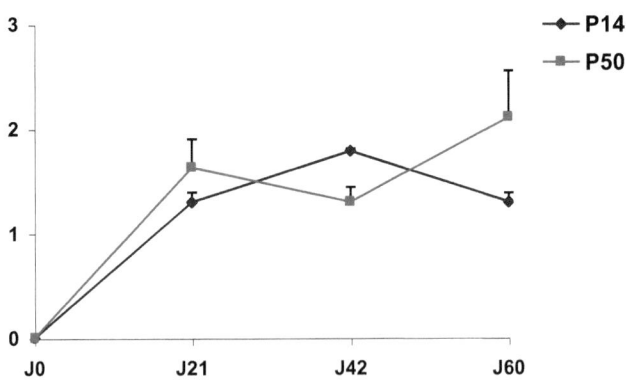

Figure 25. Titres en IgG anti β-Lg mesurés par Elisa chez les rats des groupes P14PLT et P50PLT
* (0,01≤ p ≤ 0,05).
Les valeurs présentées sont des moyennes et leur écart type (X ± ET).

4.5. Etude histologique

L'objectif de cette partie de notre travail est de vérifier les conséquences des régimes hyperprotéiques sur la structure de l'épithélium intestinal, particulièrement au niveau de l'architecture villositaire ainsi que sur la composition en lymphocytes intra-épithéliaux.

4-.5.1. Villosités intestinales des groupes des rats ayant ingérés des régimes normoprotéique (P14%PLT) et hyperprotéique (P50%PLT)

Observée au microscope optique, la muqueuse intestinale d'un rat témoin apparaît formée de nombreuses projections en doigts de gant: il s'agit des villosités séparés par les sillons intervilleux communiquant. La figure 26 (en annexe) représente une observation à très faible grossissement (Gx10) de la muqueuse intestinale d'un rat témoin. La figure 27 (en annexe) représente une observation à fort grossissement (Gx16) de villosités d'un fragment jéjunal de rat témoin. Nos résultats indiquent que sur le plan de la structure, ces villosités sont longues et fines, bordées par un épithélium simple unistratifiée cylindrique qui est formée de hautes cellules à plateau strié possédant des noyaux réguliers en position basales qui correspondent aux entérocytes. Le chorion est d'aspect fibreux et apparaît polymorphe possédant divers éléments mononucléees et qui sont peu abondants, et qui correspondent à des cellules du système immunitaire: les lymphocytes.

La hauteur villositaire mesurée au niveau de l'épithélium jéjunal du groupe P14 a une moyenne de 48,89 ± 6,96 µm. Chez les rats ayant ingéré 50% de protéines de lait total la muqueuse intestinale des rats du groupe P50 PLT présente une atrophie très prononcée. Ces atrophies sont caractérisées par des villosités bordées par un épithélium ayant un aspect pseudostratifiée et possédant des cellules cubiques comportant des noyaux dystrophiques. Au niveau du chorion, l'inflammation est très prononcée (figure 28 et figure 29) (en annexe). La moyenne de la hauteur villositaire du groupe P50 PLT est de (28,96 ± 6,19µm, p<0,01) (figure 30). Comparée aux témoins, cette hauteur est réduite de moitié traduisant une importante atrophie qui peut être la conséquence de facteurs libérés par le système immunitaire associé au tube digestif.

Le comptage des lymphocytes intra-épithéliaux (L.I.E) des rats ayant ingéré des régimes P14% PLT et P50% PLT montre que les lymphocytes sont normalement présents dans l'épithélium de surface ainsi que la présence d'un grand nombre de cellules dues probablement à l'inflammation dans le chorion. Sur l'ensemble de nos figures, nous remarquons bien une infiltration lymphocytaire, mais celle-ci varie selon que les animaux aient suivis un régime normoprotéique ou hyperprotéique. Chez le groupe P14 PLT, on dénombre une moyenne de 17,9 ± 2,66 lymphocytes/100 entérocytes. Ce nombre est très significativement augmenté chez les rats du groupe P50 PLT : 24,76 ± 3,44 entérocytes (p<0,01) (figure 31). Ces résultats suggèrent donc que le chorion des rats ayant ingéré le régime hyperprotéique est massivement infiltré de cellules et provoque non seulement une atrophie villositaire mais également une augmentation considérable de lymphocytes intra-épithéliaux comparé au lot témoin (p<0,01).

4-5.2. Villosités intestinales des groupes des rats ayant ingérés des régimes normoprotéique(P14,5%Protéines végétale) et hyperprotéique (G50% et S50%)

La figure 32 (en annexe) représente une observation au grossissement (x20) des villosités de la muqueuse intestinale d'un rat témoin. Le chorion est d'aspect fibreux et apparaît polymorphe possédant divers éléments mononuclées et qui sont peu abondants, et qui correspondent à des cellules du système immunitaire: les lymphocytes. La hauteur villositaire mesurée au niveau de l'épithélium jéjunal du groupe P14,5 a une moyenne de 52,31 ± 10,63µm. Les muqueuses intestinales des rats du groupe S50

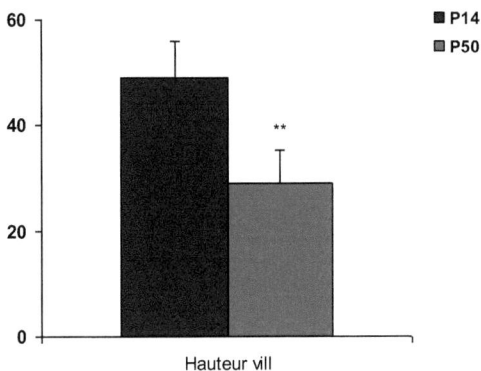

Figure 30: Effet du régime hyperprotéique P50%PLT sur la hauteur villositaire de fragments de jéjunum des rats.

On note une diminution très significative de la hauteur villositaire des rats du groupe P50 par rapport au groupe P14

** ($p<0,01$)

Les valeurs présentées sont des moyennes et leur écart type (X ± ET)

P14 : régime normoprotéique à 14%

P50 : régime hyperprotéique à 50%

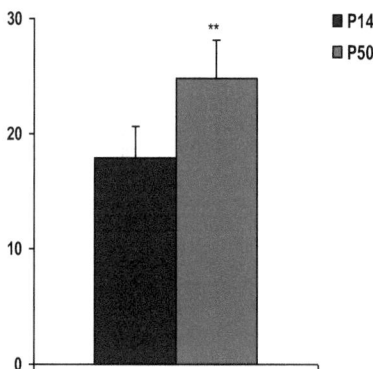

Figure 31: Effet du régime hyperprotéique P50%PLT sur le nombre de lymphocytes intra-épithéliaux des villosités intestinales de fragments de jéjunum des rats.

On note une augmentation très significative du nombre de lymphocytes intra-épithéliaux chez le groupe de rats P50 par rapport au groupe P14.
** ($p<0,01$)
Les valeurs présentées sont des moyennes et leur écart type (X±ET)
P14: régime normoprotéique à 14%
P50: régime hyperprotéique à 50%

présente une atrophie peu prononcée comparée aux rats du groupe témoin (figures 33, 34 et 35) (en annexe). La moyenne de la hauteur villositaire des groupes G50 est de (51,12 ± 5,56µm), S50 de (43 ± 30µm) et des rats témoins de (52,31 ± 10,63µm) ($p<0,01$) (figure 36). Aucune différence significative n'a été observée entre les deux groupes de rats (gluten et soja) et du groupe gluten et des rats témoins. Chez le groupe P14,5 on dénombre une moyenne de 9,05 ± 2,88 lymphocytes/100 entérocytes et chez les groupes expérimentaux G50 (15,22 ± 5,93)/100 entérocytes; S50 (26 ± 2,83)/100 entérocytes. Le nombre de lymphocytes intra-épithéliaux (L.I.E) est très significativement augmenté chez le groupe S50 comparé aux deux groupes G50 et au témoin ($p<0,01$) (figure 37).

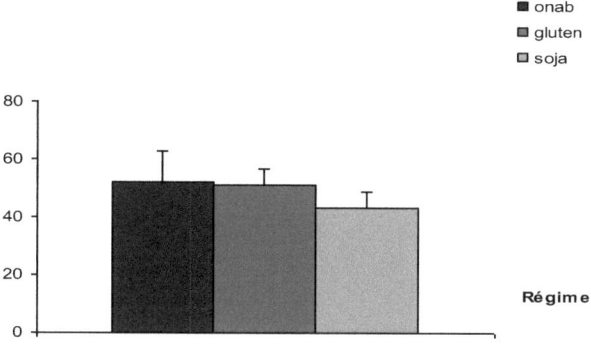

Figure 36: Effet du régime hyperprotéique G50 et S50 sur la hauteur villositaire de fragments de jéjunum des rats. On note une diminution très significative de la hauteur villositaire des rats du groupe S50 par rapport aux groupes témoin et G50

** (p<0,01)

Les valeurs présentées sont des moyennes et leur écart type (X ± ET)

Onab: régime témoin à 14,5%

G50: régime hyperprotéique à 50%

S50: régime hyperprotéique à 50%

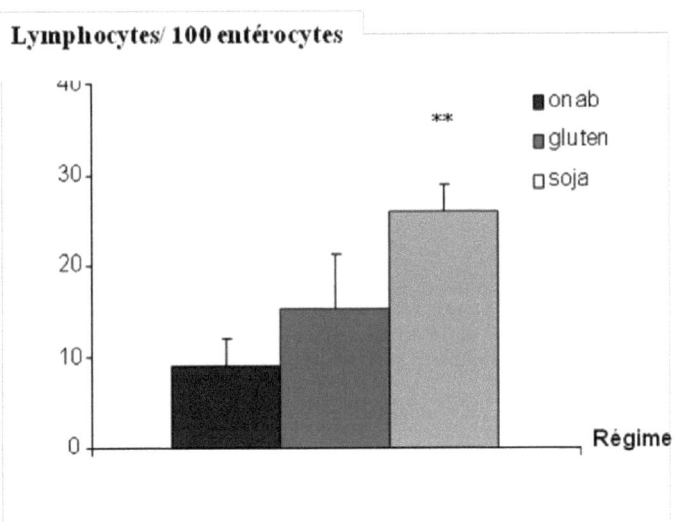

Figure 37: Effet du régime hyperprotéique G50% sur le nombre de lymphocytes intra-épithéliaux des villosités intestinales de fragments de jéjunum des rats.

On note une augmentation très significative du nombre de lymphocytes intra-épithliaux chez le groupe de rats S50 par rapport au groupe G50 et le groupe témoin.

** ($p<0,01$)

4.6. Effet des protéines sensibilisantes (β-Lg, protéines totales du lait, caséines) sur les paramètres électrophysiologiques de la muqueuse iléale de rats ayant consommé un régime hyperprotéique

L'objectif de cette partie de travail est de vérifier l'existence d'une éventuelle réponse anaphylactique locale, puis de mesurer son amplitude lorsque la muqueuse iléale est mise en contact direct avec la protéine sensibilisante en chambre de Ussing. Pour cela nous avons testé l'effet des protéines sensibilisantes (β-Lg, protéines totales du lait, caséines).

La mesure des 3 paramètres électrophysiologiques qui caractérisent les tissus des animaux ayant suivis un régime hyperprotéique ainsi qu'au régime normoprotéique, est effectuée à l'état basal en circuit ouvert. Le dispositif de la chambre d'Ussing permet de mesurer le courant de court circuit (**Isc**, µA/cm²), la différence de potentiel (**DDP**, mV) et la conductance (**G**, mmho/cm²). Dans toutes nos expériences, chaque tissu est son propre témoin. Après le dépôt de l'antigène sensibilisant dans le compartiment séreux à la concentration de 0,1 mg/ml, on mesure ces paramètres toutes les deux minutes durant 30 minutes.

Pour rappel, le courant de court circuit (Isc, µA/cm²) reflète la sécrétion électrogénique de Cl⁻ au niveau de l'épithélium intestinal correspondant à la somme algébrique des flux ioniques de part et d'autre de cet épithélium. Avant stimulation, les valeurs de base de l'Isc sont recueillies pendant 30 minutes. Au temps 0 la protéine est déposée dans le versant séreux à la concentration finale de 100 µg/ml. En fin d'expérience, le glucose à la concentration de 30mM est déposé dans les compartiments séreux et muqueux. Aucune modification significative sur l'Isc n'est observée.

L'addition de la β-Lg dans le compartiment séreux des fragments jéjunaux des rats du groupe P14PLT et le groupe P50PLT entraîne une stimulation non significative de l'Isc dont les valeurs restent stables durant toute l'expérience. Quant, à la stimulation par les protéines totales du lait ou par les caséines on n'observe aucune modification significative des paramètres électrophysiologiques des tissus jéjunaux des animaux des groupes P14 et P50.

Ces résultats suggèrent donc l'absence de réaction anaphylactique locale immédiate entre les protéines du lait et les éléments du système immunitaire de l'épithélium intestinal (figures 38, 39 et 40).

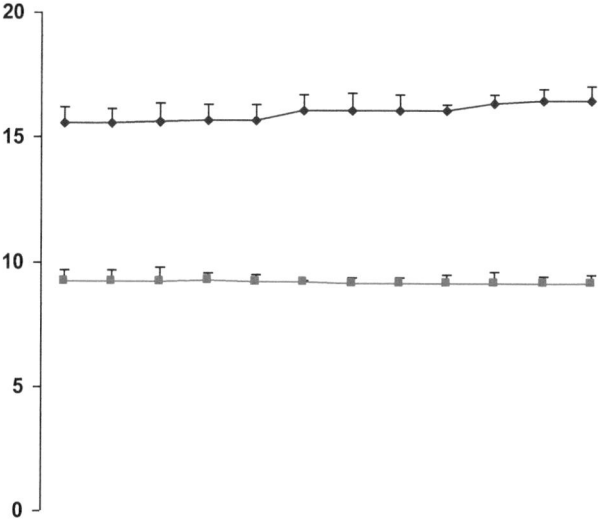

Figure 38: Effet de la β-Lg sur le courant de court circuit (Isc) mesuré en chambre de Ussing sur des fragments de jéjunum de rats du groupe P14 et du groupe P50.

Avant stimulation, les valeurs de base de l'Isc sont recueillies pendant 30 minutes. Au temps 0 la protéine est déposée dans le versant séreux à la concentration finale de 100 μg/ml.

En fin d'expérience, le glucose à la concentration de 30mM est déposé dans les compartiments séreux et muqueux. Aucune modification significative sur l'Isc n'est observée.

L es valeurs reportées sont des moyennes et leur écart type (X ± ET)

P14PLT : régime normoprotéique à 14%

P50PLT : régime hyperprotéique à 50%

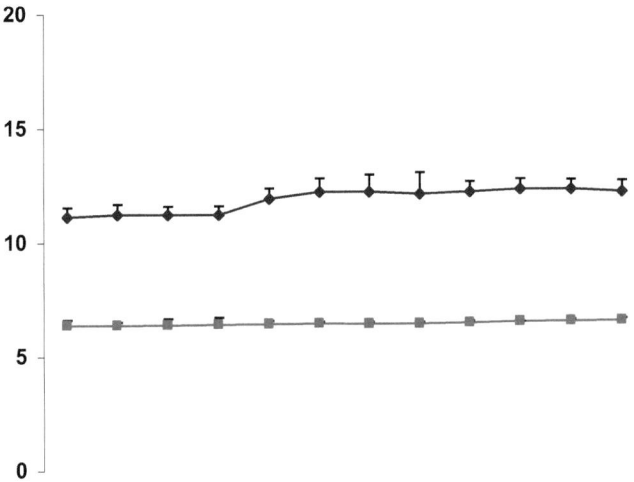

Figure 39: Effet des protéines totales du lait sur le courant de court circuit (Isc) mesuré en chambre de Ussing sur des fragments de jéjunum de rats du groupe P14PLT et du groupe P50PLT.

Avant stimulation, les valeurs de base de l'Isc sont recueillies pendant 30 minutes. Au temps 0 la protéine est déposée dans le versant séreux à la concentration finale de 100 µg/ml.

En fin d'expérience, le glucose à la concentration de 30mM est déposé dans les compartiments séreux et muqueux. Aucune modification significative sur l'Isc n'est observée.

L es valeurs reportées sont des moyennes et leur écart type (X ± ET)

P14PLT : régime normoprotéique à 14%

P50PLT : régime hyperprotéique à 50%

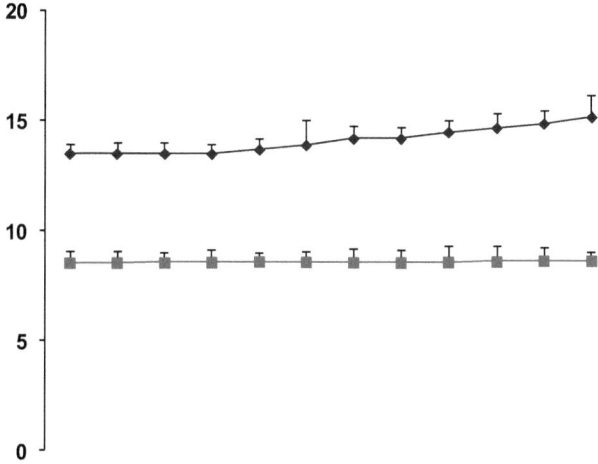

Figure 40: Effet des caséines sur le courant de court circuit (Isc) mesuré en chambre de Ussing sur des fragments de jéjunum de rats du groupe P14PLT et du groupe P50PLT.

Avant stimulation, les valeurs de base de l'Isc sont recueillies pendant 30 minutes. Au temps 0 la protéine est déposée dans le versant séreux à la concentration finale de 100 µg/ml.

En fin d'expérience, le glucose à la concentration de 30mM est déposé dans les compartiments séreux et muqueux. Aucune modification significative sur l'Isc n'est observée.

L es valeurs reportées sont des moyennes et leur écart type (X ± ET)

P14PLT : régime normoprotéique à 14%

P50PLT : régime hyperprotéique à 50%

5. Discussion

Notre étude était orientée vers l'analyse des effets de l'ingestion par le rat Wistar pendant 60 jours d'un régime à 50% de protéines d'origine animale et d'un régime à 50% de protéines d'origine végétale comparé chacun à un groupe témoin nourri à l'aide d'un régime normoprotéique à 14%. L'étude porte sur la croissance pondérale des animaux, le poids des organes, la prise alimentaire et énergétique et enfin les conséquences de ce régime sur la fonction intestinale.

Deux aspects sont abordés dans ce travail : l'approche nutritionnelle qui consiste d'une part à vérifier chez le rat wistar l'effet de l'ingestion de régimes hyperprotéiques (protéines d'origine animale à base de protéines totales de lait ou d'origine végétale nous avons utilisé un régime à base de gluten (céréale) et un régime à base de soja (légumineuse) sur différents paramètres corporels, d'autre part de voir si ces protéines ingérés à forte concentration peuvent avoir un impact sur la fonction intestinale notamment sur les aspects liés à l'intégrité de l'architecture épithéliale et également sur ceux de l'interaction de ces protéines avec le système immunitaire associé au tube digestif, sur la base d'une étude histologique et d'une étude in vitro par la méthode de la chambre de Ussing. Nous pensions que l'ingestion chronique à doses élevées de protéines du lait pendant 60 jours pourrait entraîner une immunisation orale des animaux. C'est pourquoi, la réponse immune a été évaluée au niveau muqueux intestinal et au niveau systémique par la recherche d'anticorps spécifiques en particulier sur la base d'une étude histologique et d'une étude in vitro par la méthode de la chambre de Ussing.

5.1. Influence du régime hyperprotéique (PLT, Gluten, Soja) sur l'évolution de la prise alimentaire et la composition corporelle

Les résultats obtenus ont amené à l'évidence que le régime hyper protéique à 50% PLT déprime la croissance, la prise alimentaire ainsi que la prise énergétique des rats expérimentaux. De même, la composition corporelle est modifiée et se traduit par une diminution significative du poids de la carcasse, de la peau et du tissu adipeux blanc.

En effet, les animaux soumis à un régime hyperprotéique (P50) PLT ont consommé moins d'aliments que les animaux témoins, la décroissance de l'ingestion du régime hyperprotéique semble être plus la conséquence d'une satiété accrue que d'une aversion gustative conditionnée, au moins après adaptation à un régime hyperprotéique contenant la protéine totale de lait [127]. La région hypothalamique, principale région d'intégration des signaux périphériques impliqués dans la régulation de la satiété et de la faim, pourrait être sollicité.Cette baisse de consommation alimentaire observée concerne surtout le premier jour du régime. Peter et harper [129] ont montré que le premier contact avec l'aliment hyperprotéique engendre une anorexie rapide en quelques heures. Il a été constaté que la dépression de la prise alimentaire apparaît en fait dès les deux premières minutes ceci traduirait l'existence de problèmes d'une moindre palatabilité immédiate du nouveau régime hyperprotéique. Cette palatabilité relative du régime hyperprotéique est inférieure à celle du régime normo protéique [127]. Durant notre expérience, on constate que la consommation alimentaire des animaux recevant les régimes riches en protéines suit la même évolution que celle des témoins, bien que restant inférieure

Les effets post-ingestifs suivant un repas hyperprotéique devraient pousser les rats à réduire l'ingestion de l'aliment protéique [132]. En fait, selon les protocoles expérimentaux mis en place et publiés jusqu'à présent (chacun différent sur la souche de rat, la durée d'expérience, la composition du régime, etc.) les rats expérimentaux retrouvent un niveau de consommation d'énergie identique aux témoins ou bien continuent à réduire leur consommation d'aliment [40]. Les animaux, décrits dans les études précédentes, diminuent leur consommation protéique après la puberté [134].

Les résultats obtenus sont en accord avec les données de la littérature [8]. Ainsi, dans les études portant sur le choix alimentaire, les rats préférant les protéines ne sont en général qu'une minorité (20% de la population) [133].

La réduction de la prise peut être due à une augmentation rapide de la concentration des acides aminés plasmatiques [130], et notamment ceux à chaînes ramifiées, qui constituerait un signal périphérique d'arrêt de la prise alimentaire [131]. La zone du cortex piriforme antérieur, est capable de détecter les variations de concentration plasmatique en acides aminés essentiels et est responsable de l'initiation de la réponse aversive d'un rat face à un régime déséquilibré en acides aminés essentiels [135]. Un régime est dit hyperprotéique dès que l'apport d'acides aminés est supérieur aux besoins nutritionnels recommandés [8,127]. L'excès de la concentration d'acides aminés est catabolisé et l'azote est libéré sous forme d'urée [128,39]. Après plusieurs jours d'excès protéique, l'organisme peut adapter les capacités du cycle de l'urée et ainsi procéder à un accroissement de ses capacités de catabolisme des acides aminés. Cet état serait dû à un dépassement dans les capacités anaboliques et cataboliques de l'organisme.

On constate, que l'adaptation à un régime hyperprotéique comprend des transformations qui concernent également les tissus périphériques. Ainsi, les animaux soumis à un tel régime ont un poids corporel moins élevé que les animaux témoins. Nos résultats chez le rat sont en accord avec ceux mentionnés dans la littérature [127,8].

Nos résultats montrent, que les rats ayant ingérés un régime P14PLT développent une surcharge pondérale plus importante que les rats nourris au P50PLT contrairement aux animaux soumis aux régimes gluten et soja qui eux ont un poids corporel plus élevé que les animaux témoins ayant consommé un régime 14,5% ONAB. Alors que certains auteurs montrent, que la consommation des protéines de qualité différente, sous forme de protéine totale de lait, de gluten ou de soja n'entraîne pas de différences majeures au niveau de la composition corporelle. Ceci pourrait être lié au fait que la part non protéique de ces régimes (en majorité glucidique 40%) pourrait couvrir un éventuel effet de la nature protéique [127].Le soja contient une hormone dont la molécule appelée isoflavone sera proche structurellement des oestrogènes.

Après avoir donné le régime soja à 50% à nos rats mâles il est probable que cette molécule ait créé un déséquilibre hormonal chez les rats en induisant une pseudo- castration chimique avec notamment une augmentation de la lipogenèse dont du tissu adipeux blanc d'ou une augmentation du poids corporel de ces derniers.

L'apport journalier recommandé en soja selon l'Afssa (2005) est de 1mg/kg. Le soja diminue les symptômes de la ménopause par contre il sera déconseillé aux femmes qui allaitent car cela inhiberait la lactation.

Nous avons observé parallèlement une augmentation très significative du poids corporel des rats ayant consommé un régime à 50% gluten en comparaison des rats témoins. Les acides aminés sont présents dans la plupart des végétaux mais ils ne sont pas dans les proportions optimales pour l'équilibre alimentaire du rat et certains de ces acides aminés sont donc insuffisants en quantité, pour équilibrer l'apport journalier en acides aminés il faudra augmenter la ration. Comparé aux rats ayant ingéré le régime à P50%PLT, il y' aura peut être eu un effet de stockage chez ce groupe de rat. Il est recommandé d'associer dans l'alimentation uniquement à base de protéines végétales des légumineuses et des céréales pour équilibrer l'apport en acides aminés. Par contre, dans notre expérimentation, nous avons donné une légumineuse et une céréale séparément à nos rats ; nous pensons que cela a influencé cette prise pondérale par un effet de stockage comparé au rats ayant consommé un régime à base de protéines totales de lait qui eux réduisent leur poids corporel.

5.2. Influence du régime hyperprotéique sur le poids des organes

Dans un deuxième temps, on a étudié l'influence du régime hyperprotéique à 50% sur le poids des organes des 5 groupes de rats. Les résultats obtenus montrent qu'il y a une diminution très significative des masses de la peau, de la carcasse et du tissu adipeux blanc chez les animaux recevant le régime P50 PLT, contrairement aux régimes soja et gluten ou l'analyse de la composition corporelle montre que le poids de la peau et de la carcasse des deux groupes est significativement plus élevée que celle du groupe témoin (ONAB). Le poids du tissu adipeux blanc du groupe S50 est significativement plus élevé que celui du groupe témoin.

Les rats du groupe P14 PLT développent une surcharge pondérale plus importante que les rats nourris au P50 PLT, et cette surcharge est due à un excès de masse adipeuse par la prolifération des adipocytes. De plus, l'influence des macronutriments de différentes sources montre plus ou moins une relation avec le développement de tissu adipeux [62]

La diminution de la masse grasse induite par les régimes hyperprotéiques semble assez bien établie, elle ferait intervenir une diminution de la lipogenèse et une augmentation de l'oxydation des acides gras [8,137]. La lipogenèse *in vivo* dans le foie et le tissu adipeux blanc de rat adaptés à un régime hyperprotéique, sans aucun glucide pendant 30 jours, présentent 90% des réserves en acides gras des animaux témoins (ayant accès à un régime isocalorique et équilibré) [140)] cela pourrait être dû à une diminution de l'activité du tissu adipeux brun, caractérisé par une diminution des protéines mitochondriales [141].

D'autres études ont montré que les protéines peuvent influencer l'apparition d'une insulino résistance et plus spécifiquement avec des sources protéiques comme le soja [171]. Il est intéressant également, de constater que le régime augmenté en lipides et diminué en glucides (P40L) pourrait avoir un effet protecteur sur la sensibilité à l'insuline, des études récentes montre un effet protecteur de ce régime à la résistance à l'insuline et à l'obésité [58]

Certains travaux ont montré qu'une plante médicinale (platycodon grandiflorum) contrôlerait l'obésité en agissant sur les adipocytes [178].

Dans notre travail, le régime hyperprotéique à base de protéines totales de lait réduit le tissu adipeux blanc, la peau et la carcasse du rat mais n'entraîne pas une augmentation notable directe de la masse maigre corporelle des rats.

Ces résultats concordent avec les données antérieures [136], obtenues chez des rats soumis pendant 3 et 6 mois aux régimes

P14% et P50% protéine de lait. Contrairement aux rats ayant ingéré des régimes à base de gluten et soja ils ont une masse maigre élevée de façon significative comparée au groupe témoin (ONAB). La variation induite par l'augmentation des protéines alimentaires de la ration sur la masse maigre est généralement difficile à mettre en évidence [142]. Ni les études utilisant les méthodes de bilan azoté, ni celles des traceurs, ni celles basées sur l'étude de la composition corporelle ne sont concluantes. Notre étude a contribué à généraliser les résultats déjà obtenus avec un régime hyperprotéique [127]. En plus de la réduction du tissu adipeux blanc, on constate que le régime hyperprotéique 50%PLT réduit également la peau et la carcasse du rat.

5.3. Bilan azoté des régimes normoprotéique P14 et hyperprotéique P50PLT

Au cours des bilans nutritionnels (BI,BII,BIII), la nourriture ingérée est diminuée chez le groupe consommant le régime hyperprotéique par rapport au groupe consommant le régime normoprotéique. Ceci est peut être du à un problème d'appétence et explique l'augmentation du poids corporel chez les rats du groupe P14. En revanche, l'ingéré azoté est fortement baissé avec le régime normoprotéique à 14% à cause de la proportion importante des protéines du régime hyperprotéique à 50%. L'étude de l'azote excrété montre que la proportion d'azote urinaire est plus élevée chez le groupe P50 durant les trois bilans ce qui traduit une perte d'azote urinaire importante chez les rats du groupe P50 entraînée probablement par une ingestion accrue d'azote. Les rapports azote urinaire / azote ingéré et azote fécal / azote ingéré sont plus importants chez le groupe à 14% de protéines de lait, le BI et BII. Ceci s'explique peut être par l'importante proportion de l'azote ingéré par les rats du groupe P50PLT. Le bilan azoté (BA), qui prend en considération les ingesta et les excréta urinaires et fécaux d'azote, est plus important chez le groupe P50 en BI et BII et montre ainsi une meilleure utilisation du régime P50 à celui du P14, par contre au BIII il est inférieur au P50 ce qui pourrait expliquer la perte du poids durant cette phase de l'expérimentation. Ces résultats concordent avec ceux obtenus par Lacroix et al., (2002)[136] qui ont montré que le bilan azoté mesuré sur 7 jours après 4 mois de régime est multiplié par 7 chez les rats consommant un régime hyperprotéique à 50% par rapport aux rats consommant un régime normoprotéique à 14%. L'azote fécal qui représente non seulement l'azote exogène mais aussi l'azote endogène est inférieur à l'azote urinaire. Il est important chez le groupe P50, ce qui donne un coefficient d'utilisation digestive de l'azote (CUDn) important chez le groupe P14 durant les deux premiers bilans BI et BII. En revanche, il y'a une légère diminution au BIII d'où une meilleure digestion et absorption de l'azote.

5.4. Evaluation des titres des IgG sériques anti protéines du lait

Sur un autre plan dans notre travail, nous avons recherché la présence possible d'IgG sériques anti- protéines du lait induite par la prise alimentaire de régimes hyperprotéiques. Les résultats obtenus montrent que les rats nourris à l'aide d'un régime à forte teneur en protéines développent des anticorps sériques de type IgG dirigés contre les protéines ingérées. Les titres sont cependant variables en fonction de la nature de la protéine et de sa teneur. Les rats ont une réponse en anticorps probablement proportionnelle à l'importance de chaque fraction de protéines que nous avons obtenu par la méthode de Lowry. Ainsi la teneur en titres IgG anti caséines est proportionnelle du taux de caséines présents dans les régimes (P14% et P50%)PLT.Ces IgG anti caséines et anti-protéines totales de lait montrent une différence significative comparée aux titres anti β-Lg et anti α-La. Les titres mesurés témoignent d'un état évident d'immunisation par voie orale des animaux. La production de ces anticorps chez le rat est un phénomène physiologique [143]. Ce phénomène pourrait s'expliquer par une intervention du système immunitaire associé au tube digestif et dont l'augmentation des LIE serait une manifestation. Nos résultats sont concordants avec la littérature, qui montrent que l'administration des protéines de lait de vache par voie orale ou parentérale aux animaux induit la production d'anticorps sériques de type IgG [144, 145]. Le faible titre d'IgG semble être en accord avec d'autres travaux qui ont émis l'hypothèse que la majorité des protéines administrées par la voie orale stimuleraient faiblement l'immunité humorale locale [146], contrairement à l'immunisation par voie parentérale qui induit des titres plus importants [147].

5.5. Influence des régimes hyperprotéiques sur la muqueuse intestinale

Sur le plan fonctionnel, la muqueuse intestinale subit d'importantes modifications dont une diminution significative de la hauteur villositaire à l'origine d'une atrophie partielle. Sur le plan immunitaire, les résultats montrent une importante infiltration lymphocytaire intraépithéliale suggérant une réponse humorale locale.

Nos résultats montrent qu'un régime à forte teneur en protéines (50%PLT) et (P50% Soja) modifie la structure histologique de l'épithélium intestinal des animaux par une atrophie villositaire partielle et une infiltration inflammatoire au niveau du chorion, notamment par des lymphocytes intra-épithéliaux comparés aux régimes normoprotéiques (14% PLT et14,5% PV) . Dans un travail précédent, nous avons observé une atrophie de la muqueuse intestinale des lapins immunisés à la β-Lg avec une importante infiltration lymphocytaire [147]. Des manifestations similaires sont observées au cours de l'anaphylaxie due aux antigènes alimentaires [148, 149]. Nos résultats suggèrent donc une intervention probable des éléments du système immunitaire associé au tube digestif. Nos résultats ne sont pas concordants avec ceux obtenus par Jean et al., en 2001[8], qui ont constaté que le régime P50 entraînait une augmentation du poids de l'intestin grêle particulièrement la muqueuse intestinale proximale, suggérant que celle-ci résultait de l'augmentation de la hauteur villositaire intestinale.

Nos résultas suggèrent peut être une adaptation physiologique des rats aux régimes hyperprotéiques. Nous avons également obtenus, un nombre élevé de lymphocytes intra-épithéliaux chez le groupe de rats ayant ingéré un régime hyperprotéiques riche en protéines de lait (P50PLT) comparé au témoin (P14PLT), ainsi que pour les rats ayant ingéré un régime a base de soja, ces modifications seraient la manifestation d'un phénomène d'adaptation induite par l'exposition chronique de l'épithélium intestinal à des teneurs élevées en protéines. Dans la littérature, il a été rapporté qu'il existait un nombre élevé de lymphocytes intra-épithéliaux dans l'intestin grêle des enfants intolérants aux protéines du lait de vache significativement augmenté par rapport aux témoins qui ne présentent pas d'allergie [150]. Au cours de l'intolérance aux protéines du lait de vache, Hankal et al., (1997) [151] ont utilisé un anticorps monoclonal dirigé contre les granules cytotoxiques associés à la protéine (TIA1). Leurs résultats suggèrent que les lymphocytes intra épithéliaux ont un potentiel cytotoxique élevé lors de l'intolérance aux protéines du lait de vache, et que cette toxicité médiée des LIE doit être impliquée dans la pathogenèse de la maladie.

Cette augmentation des LIE a été constatée chez des souris immunisées à l'albumine d'œuf [152] et dans quelques maladies gastro-intestinales [153]. En plus du nombre élevé des LIE, on a observé dans notre étude une atrophie villositaire plus ou moins marquée des animaux ayant ingéré un régime hyperprotéique à 50% de PLT et 50% Soja comparé aux animaux témoins successivement à 14%PLT et 14,5 PV. Selon Gee et al. (1997) [154], après injection de la saponine aux rats immunisés à la β-Lg on obtient des dommages au niveau des villosités. Lorsque l'antigène sensibilisant est éliminé de l'alimentation des deux groupes d'enfants dont l'un est intolérant aux protéines du lait de vache et l'autre intolérant au gluten, il a été constaté une diminution des lymphocytes intra épithéliaux [155].

Aucune différence significative n'est observée sur la mesure des villosités intestinales et du comptage du nombre de lymphocytes intra épithéliaux pour le groupe de rat ayant ingéré un régime à base de gluten comparé aux deux groupes; témoin (PV) et au groupe expérimental à base de protéines de soja.

5.6. Effet de l'interaction des protéines totales de lait, β-Lg et caséines sur la fonction intestinale des rats ayant consommé le régime hyperprotéique

An niveau systémique, on note la présence d'anticorps IgG dirigés contre toutes les protéines du lait du régime administré aux animaux, confirmant les propriétés immunomodulatrices de la β-lactoglobuline, de α-lactalbumine et des caséines. En revanche, l'étude en chambre de Ussing montre que l'interaction de la β-Lg et des caséines avec l'épithélium intestinal ajoutées dans le versant séreux n'a pas d'effet significatif sur l'activité électrogénique des tissus, suggérant l'absence de réaction d'hypersensibilité immédiate. Ces résultats montrent bien que l'ingestion de protéines en fortes teneurs n'est pas sans conséquences sur la composition corporelle et la fonction intestinale.

L'étude est menée à l'aide du dispositif de la chambre de Ussing qui avait pour but d'étudier l'interaction des antigènes avec les cellules immunocompétentes pour vérifier l'existence d'une éventuelle réaction anaphylactique locale au niveau de l'intestin grêle des animaux des deux groupes P50PLT et du groupe P14PLT et de préciser cette action sur les mouvements des électrolytes (sodium et chlore, essentiellement) reflétés par le courant de court circuit.

L'interaction des différentes protéines utilisées (β-Lg, protéines totales de lait et caséines) avec la muqueuse intestinale des rats consommant le régime hyperprotéique n'entraîne aucune modification significative de l'Isc. L'augmentation de l'Isc est traditionnellement attribuée à la sécrétion du chlore, c'est-à-dire à une sécrétion de l'eau. Nous avons déposé du glucose pour vérifier si les fragments intestinaux conservent toujours leur intégrité structurale ainsi que leurs propriétés physiologiques.

Un aspect important peut être dégagé à l'issue de notre étude : D'une part, l'augmentation de l'infiltration lymphocytaire accompagnée d'atrophie villositaire des rats ayant consommé un régime riche en protéine d'origine animale ou végétale constituerait un élément d'adaptation physiologique quant à l'utilisation de ce régime à long terme, le système immunitaire ne se manifestant pas par une anaphylaxie locale comparable à celle observée dans les modèles d'allergie aux protéines de lait de vache (PLV); mais par un infiltrat qui témoigne incontestablement d'une inflammation locale. D'autre part, la diminution de la hauteur villositaire pourrait être la conséquence d'un effet délétère des protéines en forte concentration et c'est peut être du à un effet d'adaptation des rats au régime hyperprotéique sur l'épithélium intestinal.

Dans une première étape dans une étude ultérieure il reste à élucider les mécanismes physiologiques et biochimiques intervenant pour expliquer la dépression de poids chez les animaux nourris avec le régime hyperprotéique à base de protéines de lait et protéines de soja. Il reste également à trouver les mécanismes responsables de la modification de la fonction intestinale et en particulier ceux de l'atrophie villositaire intestinale et de l'augmentation des L.I.E. S'agit-il d'une action directe des protéines qui agissent par un effet toxique sur l'épithélium intestinal ? L'étude des profils de cytokines TH1/TH2 devrait mieux renseigner sur le rôle exercé par les éléments du GALT. Il serait également intéressant de faire un comptage par marquage de l'infiltrat des cellules du chorion.

Conclusion

Le projet de thèse contribue à généraliser les résultats déjà obtenus avec un régime hyperprotéique à base de protéines totales de lait [127]. L'objectif de cette étude était d'identifier les mécanismes et les conséquences de l'adaptation des rats adultes de race Wistar aux variations de l'apport protéique alimentaire, et plus spécifiquement à montrer quels sont les effets sur l'évolution du poids corporel, la prise alimentaire, énergétique et les capacités d'adaptation de la fonction intestinale à ce régime. La limite supérieure tolérable d'ingestion protéique est définie comme la valeur maximale d'ingestion protéique ne produisant aucun effet délétère sur la santé. Nous n'avons pas démontré l'innocuité totale de ce niveau protéique, surtout à long terme. Nous remarquons clairement d'après notre étude l'existence d'une atrophie de la muqueuse qui est très prononcée, avec une importante inflammation au niveau du chorion et nous notons également un grand nombre de lymphocytes intra-épithéliaux suggérant une atteinte à la fonction intestinale après l'ingestion d'un régime hyperprotéique. C'est pourquoi nous avons recherché s'il existe une réaction anaphylactique locale après stimulation des fragments jéjunaux des rats avec des protéines du lait des régimes administrés à l'aide du dispositif de la chambre de Ussing. Le résultat était négatif. On peut donc se demander quelles sont les conséquences de la consommation d'un tel régime sur une vie entière. On sait aujourd'hui que la restriction calorique est un des facteurs alimentaires qui est le plus corrélé avec l'allongement de la durée de vie chez l'animal. La restriction calorique retarde les signes du vieillissement par différentes voies possibles : réduction des dommages oxydatifs liés à la production des radicaux libres, diminution de la glycémie et de l'insulinémie.

Une étude a montré qu'un régime hyperprotéique produit moins de dommages oxydatifs qu'un régime normoprotéique [11]. Cependant une surconsommation de protéines pourrait être à l'origine de dysfonctionnement pouvant toucher différents organes et altérer la fonction intestinale. Il a été démontré également que de consommer, en grande quantités des protéines d'origine animale a un effet carcinogène sur l'intestin.

Ce travail ouvre plusieurs perspectives de recherches. Il faudrait tout d'abord mieux caractériser à long terme les effets d'un régime hyperprotéique sur la composition corporelle. Il convient donc d'observer une certaine prudence dans l'utilisation à long terme de formules diététiques enrichies en protéines chez l'homme et de voir si c'est sans risque pour la santé humaine.

Références Bibliographiques

Références bibliographiques

1. **Food and Agriculture Organization / World Health Organization / United Nation University.** - Protein quality evaluation. Food and Agricultural organization of the United Nation, FAO Food and Nutrition.Rome; 1990, Paper 51.

2. **Rigaud D., Giachetti I., Deheeger M., Bory J.M., Volatier J.L., Lemoine A., Cassuto D.A.** - Enquête francaise de consommation alimentaire I. Energie et macronutriments. Cah Nutr Diet.,1997, 32: 379-389.

3. **Food and Agriculture Organization / World Health Organization / United Nation University.** - Energy and protein requirements. WHO Tech Rep Ser,WHO; 1985, n°724 Genève.

4. **Kashyap S., Heird W.C.** - Protein requirements of low birthweight, very low birthweight, and small for gestational age infants. In: Protein metabolism during infancy. Räihä NCR. Nestec. Ltd. Vevey. Raven press. New York; 1994, Workshop, series 33.

5. **Boss C., Benamouzig R., Bruthat A.** - Short-term protein and energy supplementation activates nitrogen kinetics and accretion in poorly nourished elderly subjects. Am. J. Clin. Nutr; 2000, 71, 5: 1129-37.

6. **Stamler J., Caggiula A., Grandits G.** - A relationship to blood pressure of combination of dietary macronutrients. Finding of the multic risk factor intervention trial (MRFIT). Circulation; 1996, 94: 2417-2423.

7. **Baba N.H., Sawaya S., Torbay N., Habbal Z., Azar S., Hashim S.A.** - High protein diet vs high carbohydrate hypoenergetic diet for the treatment of obese hyperinsulinemic subjects. Int.J.Obes. Relat.Metab. Disord; 1999, volume 23; 11: 1202-1206.

8. **Jean C., Rome C., Mathé V., Huneau J.F., Aattouri N., Fromentin G., Larue-Achagiotis C., Tomé D.** - Metabolic evidence

for adaptation to high protein diet in rat. J.Nutr; 2001 volume 131: 91-98.

9. Apfelbaum M. - Metabolic effects of low and very low calorie diet. int. j.Obes., 1993, 17:13-16.

10. Chow W. H., Gridley G., Mclaughlin J.K., Mandel J.S.,Wacholder S., Blot W.J., Niwa S., Fraumeri J.F. - Protein intake and risk of renal cell cancer.J. Natl. Cancer. Inst., 1994, 86: 1131-1139.

11. Petzke K.J., Elsner A., Proll J., Thielecke F., Metges C.C., - Long term high protein intake does not increase oxidative stress in rats. J. Nutr; 2000, volume 130: 2889-2896.

12. Rudman D. - Kidney senescence: a model for aging. Nutr. Rev;1988,volume 46: 209-214.

13. Garn S.M., Kangas J. - Protein intake bone mass and bone loss. In: De Luca (éd), osteoporosis: recent advances in pathogenesis and treatment. Baltimore MD: University park press; 1988, 19 p.

14. Rolland-Cachera M.F., Deheeger M., Akrout M., Bellisle F. - Influence of macronutrients on adiposity development : a follow-up study of nutrition from10 months to 8 years of age. Int. J. Obesity; 1995, 19: 573-578.

15. Weissgarten J., Modai D., Averbukh M. - High- protein diet or unilateral nephrectomy induces a humoral factor (s) that enhances mesangial cell proliferation in culture.Nephron., 1998, 79: 201-205.

16. Dunger A., Berg S., Kloting I., Schmidt S. - Functional alterations in the rat kindney induced either by diabetes or high protein diet. Exp Clin Endocrinol. Diabetes., 1997, 105:48-50.

17. Scaglioni S., Agostoni C., De Notaris R. - Early macronutrient intake and overweight at five years of age. Int J Obes; 2000, 24: 777-781.

18. Bensaid A., Tomé D., Gietzen D., Even P., Morens C., Gausseres N., Fromentin G, - Protein is more potent than carbohydrate for reducing appetite in rats. Physiol. Behav; 2002, 75: 577-582.

19. Beaufrere B. - Proteins alimentaire aussi une question de temps. Chloé-Doc. CERIN; 2002, n° 72.

20. Boss C., Gaudichon C., Tomé D. - Nutritional and physiological criteria in the assessment of milk protein quality for human. J A M college of nutrition; 2000, 19- 2: 191S- 205S.

21. Gaétane J. - Rapport maîtrise SIAL Allergie alimentaire le soja ; 2005, pp 3-5 et pp 9-10.

22. Sanders D.S., Carter M.J., Hurlstone D.P., Pearce A., Ward A.M., McAlindon M.E., Lobo A.J. - Association of adult coeliac disease with irritable bowel syndrome a case control study in patients fulfilling Rome II criteria referred to secondary care. Lancet; 2001, 358: 1504- 8.

23. Anderson J.W. -Dissociation between plasma and brain amino acid profiles and short term food intake in the rat. Am. J. Clin. Nutr; 1998, 68 (6 suppl): 1347S -1353 S.

24. Winter R. - A consumers dictionary of cosmetic ingredients. New York Crown Trade Paperbacks; 1994, 4 ème édition.

25. Cook R., Shulman M. - Aqueous ultrapure zein lattices as functional ingredients and coating. Corn util. conf V; 1994.

26. Poitier de Courcy G., Frelut M.L., Fricker J., Martin A., Duphin H. - Besoins nutritionnels et apports pour la satisfaction de ces besoins. Encycl. Med. Chir. (Elsevier, Paris). Endocrinologie Nutrition; 2003, 10- 308- A-10: 32 p.

27. Dean J., Edwards D.G. - The availability to the rat of energy from various diet ingredients. Lab. Anim; 1985, volume 19, 4: 305-10.

28. **Debry G**. - Lait, Nutrition et Santé. Edition. Tec et Doc Lavoisier, Paris ; 2001, 14-37.

29. **Harper A.E., Peter J.C.** - Protein intake, brain amino acid and serotonin concentrations and protein self-selection. Am. J.Nutr; 1989, 119: 677-689.

30. **Young V.R., Borgonha S.** - Nitrogen and amino acid requirement. The Massachusetts institute of technology amino acid requirement pattern. J. Nutr; 2000, 130: 1841-1849.

31. **Gietzen D.W., Magrum L.J.** - Molecular mechanisms in the brain involved in the anorexia of branched chain amino acid deficiency. J Nutr; 2001, 131: 851-855.

32. **Feurté S., Tomé D., Gietzen D.W., Even P.C., Nicholaidis S., Fromentin G.** - Feeding patterns and meal microstructure during development of a taste aversion to a threonine devoid diet. Nutr Neurosci; 2002, 5: 269-78.

33. **Duf., Higginbotham D.A., White B.D.,** - Food intake, energy balance and serum leptin concentration in rat fed low protein diets. J Nutr, 2000; 130: 514 -521.

34. **Tomé D.** - Influence quantitative et qualitative des protéines sur le comportement alimentaire. Méd. Nutr ; 2004, 40,1 : 25-32.

35. **Jean C., Fromentin G., Tomé D., Larue-Achagiotis C.** - Wistar rats allowed to self select macronutrients from weaning to maturity choose a high-protein, high-lipid diet. Physiol.Behav ; 2002, 76: 65-73.

36. **Wetzler S., Jean C., Tomé D., Larue-Achagiotis C.** - A carbohydrate diet rich in sucrose increased insulin and WAT in macronutrient sel-selecting rats. Physiol. Behav; 2003, in press.

37. **Makarios-Lahham L., Roseau S.M., Fromentin G., Tomé D., Even P.C.** - Rats free to select between pure protein and a fat carbohydrate mix ingest high protein "mixed" meals during the dark

period and protein meals during the light period. J Nutr; 2004, in press.

38. Larue-Achagiotis C., Thouzeau C. - Refeeding after prolonged fasting in rats nychthemeral variations in dietary self-selection. Physiol. Behave; 1996, 59: 1033-1037.

39. Morens C., Gaudichon C., Fromentin G., Marset-Baglieri A., Bensaid A., Larue-Achagiotis C., Luengo C., Tome D. - Daily delivery of dietary nitrogen to the periphery is stable in rat adapted to increased protein intake. Am. J Physiol Endocrinol Metab; 2001, volume 281: E826-836.

40. McArtur L.H., Kelly W.F., Gietzen D.W., Rogers Q.R. - The role of palatability in rat food intake response of rats fed high-protein intake response. Appetite; 1993, volume 20: 191-196.

41. Tews J.K., Repa J.J., Harper A.E. - Protein selection by rats adapted to high or moderately low levels of dietary protein. Physiology and behaviour; 1992, volume 51: 699-712.

42. Reid M., Hetherington M. - Relative effects of car bohydrates and protein on satiety a review of methodology. Neuroscience, Biobehavioral; 1997, volume 21 (N°3): pp 295-308.

43. Gevrey J.C., Cordier-Bussat M., Nemoz-Gaillard E., Chayvialle J.A., Abello J. - Co-requirement of cyclic amp- and calcium- dependent protein kinases for transcriptional activation of cholecystokinin gene by protein hydrolysates. J. Boil. Chem., 2002, 277: 22407- 22413.

44. Morens C., Gaudichon C., Metges C., Fromentin G., Baglieri A., Even P.C., Huneau J.F., Tome D. - A hig - protein meal exceeds anabolic and catabolic capacities in rats adapted to a normal protein diet. J. Nutr., 2000, 130: 2312-2321.

45. Ewart H.S., Brosnan J.T. - Rapid activation of hepatic glutaminase in rats fed on a single high- protein meal. Biochem. J.,1993, 15: 339-334.

46. Remesy C., Fafournoux P., Demigne C. - Control of hepatic utilization of serine, glycine and threonine in fed and starved rats. J. Nutr., 1983, 113: 28-39.

47. Didier R., Remesy C., Fafournoux P. - Hepatic proliferation of mitochondria response to a high protein diet. Nutr. Res., 1985, 5: 1093-1092.

48. Fafournoux P., Remesy C., Demigne C. - Stimulation of amino acid transport into liver cells from rats adapted to a high- protein diet. Biochem. J., 1982, 206: 13-18.

49. Weissgarten J., Modai D., Berman S., Cohn M., Galperin E., Avebukh Z.- Proliferative responses of mesangial cells to growth factors during compensatory versus dietary hypertrophy. Nephron; 2000, 85: 248-253.

50. Kerstetter J.E., Allen L.H. - Dietary protein increase urinary calcium. J. Nutr.,1990, 120: 134-136.

51. Orwoll E.S., Weigel R.M., Oviatt S.K. - Serum protein concentrations and bone mineral content in aging normal men. Am. J. Clin. Nutr., 1987, 46: 614-621.

52. Massey L.K. - Does excess dietary protein adversely affect bone? Symposium overview. J. Nutr., 1998, 128: 1048-1050.

53. Heanney R.P. - Excess dietary protein may not adversely affect bone. J.Nutr., 1998, 128: 1054-1057.

54. Pannemans D.L., Schaafsma G., Weterterp K.R. - Calcium excretion, apparent calcium absorption and calcium balance in young and eldrly subjects influence of protein intake. Br. J. Nutr., 1997, 77: 721-729.

55. **Linn T., Santosa B., Gronemeyer D., Aygen S., Scholz N., Busch M., Bretzel R.G** . -Effect of long- term dietary protein intake on glucose metabolism in humans diabetologia. 2001, 43: 1257-1265.

56. **Haffner S.M., Mykkanen L., Festa A.** - insulin resistant prediabetic subjects have more risk factors than insulin- sensitive prediabetic subjects implications for preventing coronary heart disease during the prediabetic state. Circulation., 2000, 101: 975-980.

57. **Hoppe C., Molgaard C., Thomsen B.L., Juul A., Michaelsen K.F.** - Protein intake at 9 month of age associated with body size but not with body fat in 10- y - old Danish children. Am. J. Clin. Nutr., 2004, 79: 494-501.

58. **Boden G., Sargrad K., Homko C., Mozzoli M., Stein T.P.** - Effect of a low-carbohydrate diet on appetite, blood glucose levels, and insulin resistance in obese patients with type 2 diabetes. Ann. Intern. Med., 2005, 142: 403-411.

59. **Massanes R., Fernandez- lopez J.A., Alemany M.** - Effect of dietary content on tissue protein synthesis rates in zucker lean rats. Nutrition. Res., 1999, 19: 1017-1026.

60. **Wolfe R.R.** - Protein supplement and exercise. Am. J. Clin. Nutr., 2000, 72: 551S-557S.

61. **Petzke K.J., Friedrich M., Metges C.C., Klaus S.** - Long-term dietary high protein intake up –regulates tissue specific gene expression of uncoupling proteins 1 and 2 in rats. Eur.J.Nutr., 2004.(Abstract)

62. **Alihaud G., Guesnet P.** - Fatty acid composition of fats is an early determinant of childhood obesity: a schort review and an opinion. Obes. Rev., 2004, 5: 21-26.

63. Millward D.J. - Optimal intake of protein in the human diet. Proc. Nutr. Soc., 1999, 58: 403-413.

64. Mariotti F., Huneau J.F., Tome D. - Dietary protein and cardiovascular risk. J.Nutr. Health. Aging., 2001, 5: 1-4 .

65. Gatford K.L., Fletcher T.P., Clarke I.J., Owens P.C., Quinn K.J., Walton P.E., Grant P.A., Holness M.J., Langdown M.L., Sugden M.C. - Early - life programming of susceptibility to dysregulation of glucose metabolism and the development of type 2 diabetes mellitus. Biochem., 2000, 349: 657-665.

66. Daenzer M., Ortmann S., Klauss S., Metges C.C. - Parenteral high protein exposure decreases energy expenditure and increases adiposity in young rats. J. Nutr., 2002, 132: 142-144.

67. Chevrel J.P., Dumas J.L., Guérand J.P., Levy J.B. - Anatomie général,cous+exos,7ème édition Masson., 2000, 208 p.

68. Thomson A.B.R., Paré P., Fédorak R.N. - Principe fondamentaux de gastro-entérologie, l'intestin grêle, anatomie macroscopique de l'intestin grêle. PCEM2 , Service d'Histologie-embroyologie.Université Paris-VI Pierre et Marie Curie, faculté de Médecine Pitié-Salpêtrière., 2000, 208-295.

69. Brazier F., Delcenserie R., Dupas J.L. - Digestion et absorption dans l'intestin grêle. Encycl Méd Chir (Elsevier, Paris), Gastroentérologie., 9-000-B-10., 2002, 14 p.

70. Rescigno M., Urbano M., Valzasina B., Francolini M., Rotta G., Bonasio R., Granucci F., Kraehenbuhl J.P., Ricciardi-Castagnoli P. - Dendritic cells express tight junction proteins and penetrate gut epithelial monolayers to sample bacteria. Nat Immunol; 2001, 2: 361-367.

71. Gerard J.T., Sandra R.G., Jean-Claude P. - Principe d'anatomie et de physiologie. Larousse nouvelle édition CEC Collégial et universitaire; 1999, 1204 p.

72. Michel R. - Physiologie animale, les grandes fonctions. Tome 2, 2ème édition. Masson II Paris., 1999, 322 p.

73. Vacheret N. - Histologie fonctionnelle des organes, l'appareil digestif, le tube digestif. Faculté de Médecine Laennec, Université Claude Bernard- Lyon 1 France., 1999, 3- 6.

74. Balas D., Philip P. - Histologie générale (histologie morphofonctionnelle des épithéliums), appareil digestif, 2003.

75. André J.M., Poitier J. - Cours d'histologie, l'appareil digestif. PCEM2, service d'histologie-embryologie Université Paris –VI Pierre et Marie Curie, Faculté de Médecine Pitié-Salpêtrière., 2003, 86p.

76. Frexinos J., Bashoun A., Ribet A. - La biopsie per orale de l'intestin grêle chez l'adulte 1ere partie: les lésions spécifiques et le diagnostique des atrophies Rev. Med. Toulouse., 1969, 5 : 847-855.

77. Hershberg R.M., Mayer L.F. - Antigen processing and presentation by intestinal epithelial cells - polarity and complexity. Immunol Today; 2000, 21: 123-128.

78. Dickinson B.L., Badizadegan K., Wu Z., Ahouse J.C., Zhu X., Simister N.E., Blumberg R.S., Lencer W.I. - Bidirectional FcRn-dependent IgG transport in a polarized human intestinal epithelial cell line. J Clin. Invest; 1999, 104: 903- 911.

79. McCarthy K.M., Yoong Y., Simister N.E. - Bidirectional transcytosis of Ig G by the rat neonatal Fc receptor expressed in a rat kidney cell line: a system to study protein transport across epithelia. J Cell. Sci; 2000, 113: 1277- 1285.

80. Desjeux J.F. - Digestion et absorption. Encycl Med Chir (Elsevier, Paris), endocrinology-nutrition; 1996, 10-351-A-10, 19 p.

81. Molkhou P. - Allergie alimentaire chez l'enfant. Encycl Méd Chir (Elsevier, Paris) AKOS Encyclopédie Pratique de Médecine; 8-0319 ; 2002, 12 p.

82. **Tomé D.** - Consommons nous trop de protéines ? Chloé.Doc.Cerin; 1998, n° 45.

83. **Morens C.** - Assimilation et distribution de l'azote alimentation en situation de régime hyperprotéique chez le rat et chez l'homme.Thèse de doctorat INA-PG, Paris; 2002, 154 p.

84. **Tomé D.** - Les besoins en acides aminés indispensables et la qualité des protéines alimentaires. Chloé Doc CERIN; 1999, n°56.

85. **Santangelo A., Perachi M., Conte D.** - Physical state of a meal affects gastric emptying cholecystokinin release and satiety. Br J Nutr; 1998, 80: 521-527.

86. **Dangin M., Boirie Y., Garcia- Rodenas C., Gachon P., Fauquant J., Callier P., Ballèvre O., Beaufrère B.** - The digestion rate of protein is an independent regulating factor of postprandial protein retention. Am .J Physiol Endocrinol Metab; 2001, 280: 340-348.

87. **Powel D.W.** - Intestinal water and electrolyte transport in:« physiology of the gastrointestinal tract ».Second Edition, edited by L.R. Jhonson Raven Press, New-York; 1987, pp 1267-1305.

88. **Desjeux J.F.** - Le symposium Lavoisier. The proceedings of the nutrition society Cambridge University Press; 1995, 1- 327.

89. **Minaire Y., Forichou J., Meunier P.** - Digestion et absorption dans l'intestin grêle. Edition technique. Encycl. Med. Chir. Paris-France, estomac- intestin, 9000 B10 ; 1990, 10- 16 p.

90. **Le Hueron- Luron I., Lhoste E., Wicker- Planquart C., Dakka N., Toullec R., Corring T., Guilloteau P., Puigserver A.** - Molecular aspects of enzyme synthesis in the exocrine pancreas with emphasis on development and nutritional regulation. Proc. Nutr. Soc., 1993, 52: 301- 313.

91. **Alpers D.H.** - Digestion and absorption of carbohydrate and proteins. In physiology of the gastrointestinal tract, second edition.

LR Johnson edt. Raven Press. New York., 1987, chap 53: 1469-1487.

92. Girard-Globa A., Bourdel G., Lardeux B. - Regulation of protein synthesis and enzyme accumulation in the rat pancreas by the amount and timing of dietary protein.J.Nutr.,1980, 110: 1380-1390.

93. Corring T., Calmes R., Rérat A., Gueugneau A.M. - Effets de l'alimentation protéiprive à court terme sur la sécrétion d'azote endogène : sécrétion pancréatique exocrine chez le porc. Reprod. Nutr. Dev., 1984, 24,4 : 495-506.

94. Johnson A., Urwitz R., Kretchmer N. - Adaptation of rat pancreatic amylase and chymotrypsinogen to changes in diet. J.Nutr., 1977, 107: 87-96.

95. Hara N., Nishikawa H., Kiriyama S. - Different effects of casein and soybean protein on gastric emptying and small intestine transit after spontaneous feeding of diets in rats. J.Nutr., 1992, 68: 59-66.

96. Zhao X.T., McCamish M. A., Miller R.H. Wang L., Lin H.C. - Intestinal transit and absorption of soy protein in dogs depend on load and degree of protein hydrolysis. J. nutr., 1996, 127: 2350-2356.

97. Erickson R.H., Gum J.R., Lindstrom M.M., Mckean D., Kim Y.S. - Regional expression and dietary regulation of rats small intestinal peptide and amino acid transporter mRNAs. Biochem, Biophys. Res. Commun., 1995, 216: 249-257.

98. Mc Carthy D.M., Nicholson J.A., Kim Y.S. - Intestinal enzyme adaptation to normal diets of different composition . Am.J.Physiol., 1980, 239:G445-G451.

99. Ferraris R.P., Diamond J., Kwan W. W. - Dietary regulation of intestinal transport of the dipeptide carnosine . Am. J. Physiol., 1988, 255: G143- G150.

100. Ferraris R.P., Diamond J. - Crypt villus site of glucose transporter induction by dietary carbohydrate in mouse intestine. Am. J. Physiol., 1992, 262: G1069-G1073.

101. Suzuki Y., Erickson R.H., Sedlmayer A., Chang S.K., Ikehara Y., Kim Y.S. - Dietary regulation of rat intestinal angiotensin – converting enzyme and dipeptidyl peptidase IV. Am. J. Physiol. 264 (Gastrointest. Liver. Physiol 27)., 1993, G1153-G1159.

102. Karasov W.H., Solbrtg D.H., Djamond J.M. - Dependance of intestinal amino acid uptake on dietary protein or amino acid level. Am.J. Physiol 252 (Gastrointest. Liver. Physiol 15)., 1987, G614-G625.

103. Ferraris R.P., Kwan W.W., Diamond J. - Regulatory signals for intestinal amino acid transporters and peptidases. Am. J. Physiol., 1988, 255: G151-G157.

104. Ferraris R.P., Diamond J.M. - Specific regulation of intestinal nutrient transporters by their dietary substrates. 1989, annu. Rev. Physiol. 51: 125-141.

105. Czernichow B., Raul F., Doffoël M. - Adaptation morphologique et fonctionnelle de l'intestin grêle à l'apport protéique. Effet des carences et de supplémentations. Castroenterol.Clin.Bio., 1990, 14, 995-1002.

106. Prioult G., Fliss I., Pecquet S. - Effect of probiotic becteria on induction and maintenance of oral tolerance to β-lactoglobin in gnotobiotic mice. Clin. Diag. Lab. Immunol; 2003, 10:787-792.

107. Brousse N., Jarry A., Cerf Bensoussan N. - Les mécanismes de défense immunitaire du tube digestif. Inc : "Gastroenterology ". Ellipses. Ed. Paris ; 1994, pp 83- 93.

108. Rambaud J.C., Gallian A. - Hyperplasie folliculaire lymphoide et lymphomes du tube digestif. In : "Immunité et tube digestif". John Libbey Eurotext . Ed. Paris ; 1992, pp 25- 111.

109. Chapat L. - Mécanismes de la tolérance orale implication des cellules T CD4 CD25 régulatrices. Thèse EPHE Lyon ; 2003.

110. Kraehenbuhl J.P., Neutra M.R. - Molecular and cellular basis of immune protection of mucosal surfaces. Physiol. Rev; 1992, 72, 853- 879.

111. Neutra M.R., Pringault E., Kraehenbuhl J.P. - Antigen sampling across epithelial barriers and induction of mucosal immune responses. Annu. Rev. Immunol; 1996, 14, 275- 300.

112. Berin M.C., Mckay D.M., Perdue M.H. - Immune-epithelial interactions in host defense. Am. J. Trop. Med.Hyg; 1991, 60: 16-25.

113. Guy-Grand D., Vanden Broecke C., Briottet C., Malassis-Seris M., Selz F., Vassalli P. - Different expression of the recombination activity gene RAG-1 in various populations of thymocytes, peripheral T cells and gut thymus-independent intraepithelial lymphocytes suggests two pathways of T cell receptor rearrangement. Eur. J. Immunol; 1992, 22: 505-510.

114. Salminen S., Bouley C., Boutron Ruault M.C., Cumming J.H., Franck A., Gibson G.R., Isolauri E., Moreau M.C., Roberfroid M., Rowland I. - Functional food science and gastrointestinal physiology and function. Br. J. Nutr; 1998, 80: 147-171.

115. Marcel B.- Aliments fonctionnels physiologie gastro-intestinale de l'homme. Collections Sciences et Techniques Alimentaires. Edition Lavoisier ; 2002, 21-39.

116. Bell D., Young J.W., Banchereau J.- Dendritic cells.Adv.Immunol; 1999,72: 255-324.

117. Garside P., Mowat A.M. - Oral tolerance. Semin Immunol; 2001, 13: 177-185.

118. Friedman A., Weiner H. - Induction of anergy or active suppression following oral tolerance is determined by antigen dosage.Proc.Natl. Acad. Sci. U S A; 1994, 91: 6688- 6692.

119. Marth T., Strober W., Kelsall B.L. - High dose oral tolerance in ovalbumin TCR-transgenic mice: systemic neutralization of IL-12 augments TGF-beta secretion and T cell apoptosis. J Immunol; 1996,157: 2348-2357.

120. Fei Y.J., Kanai Y., Nussberger S., Ganapathy V., Leibach F.H., Romero M.F., Singh S.K., Boron W.F., Hediger M.A. - Expression cloning of a mammalian proton-coupled oligopeptide transporter. Nature., 1994, 368: 563-566.

121. Council of European communities. - Council instructions about the protection of living animals used in scientific investigations of J European communities; 1986, 358:1-28.

122. Afnor. - Recueil des normes françaises: Méthodes d'analyses physiques et chimiques, ITFV. 3ème édition, Paris ; 1986, 185 p.

123. Waynforth H.B. – Experimental and surgical technics in the rat. Academic Press. London; 1980, 68 p.

124. Nzelof. N. - Technique microscopique. Ed Flammarion médecine science; 1972, 1-3: 35-70.

125. Rouquette P. - Maladie coelique, intolérance aux protéines de lait de vache. Problème de diagnostic différentiel et intérêt de la numération des lymphocytes inter-épithéliaux (thèse); 1980.

126. Ussing H.H., Zerahn K. - Active transport of sodium as the source electric current in the short-circuited isolated frog skin. Acta physiol.Scand; 1951, 23: 110-127.

127. Bensaid A. ; Tome D., L'Heureux-Bourdon D., Evens P., Gietzen D., Morens C., Larue-Achagiotis C., Fromentin G. – A high- protein diet satiety without conditioned taste aversion in rat. Physiol,Behavior; 2003, 78: 311-320.

128. Morens C., Gaudichon C., Fromentin G., Marsset-Baglieri A., Bensaid A., Larue Achagiotis C., Luengo C., Tome D. - Daily delivery of dietary nitrogen to the periphery is stable in rats adapted to increased protein intake. Am. J. Physiol. Endocrinol. Metab; 2001, 281: E 826 - 836.

129. Peter J.C., Harper A.E. – Adaptation of rats to diets containing different levels of protein. J Nutr; 1985, 115: 382-398.

130. Semon B.A., Leung P.M.B., Rogers Q.R., Gietzen D.W.- Plasma and brain ammonia and amino acids in rats measured after feeding 75% casein or 28% egg white. JNutr, 1989;119:1583-1592.

131. Harper A.E. - Some concluding comments on emerging aspects of amino acid metabolism. J Nutr, 1994; 124: 1529- 1532.

132. Burton-Freeman B., Gietzen D.W., Schneeman B.O. - Meal pattern analysis to investigate the satiating potential of fat, carbohydrates and protein in rats. Am. J. Physiol; 1997, 273: R1916- 1922.

133. Shor-Posner G., Ian C., Brennan G. – Self-selecting albino rats exhibit differential preferences for pure macronutrient diet: characterization of three subpopulations. 1991

134. Leibowitz S.F., Lucas S.F., Leibowitz K.L. - Developmental pattern of macronutrient intake in female and male rats from weaning to maturity. Physiol. Behave; 50: 1167- 1174.

135. Russel M.C., Koehnle T.J., Barret J.A., Blevins J.E., Gietzen D.W. - The rapid anorectic response to a threonine imbalanced diet is decreased by injection of threonine into the anterior piriform cortex of rats. Nutr. Neurosci; 2003, 6: 347- 251.

136. Lacroix M.,Gaudichon C., huneau J.F., Larue-Achagiotis C.,Tome D. - La consommation d'un régime hyperprotéique chez le rat pubère entraîne à long terme une réduction de la masse adipeuse sans effets délétère. Inra Unité de physiologie de la nutrition et du comportement alimentaire INA-PG; paris, 2002.

137. Harris R.B.S. Leptin much more than a satiety signal. Annu. Rev. Nutr; 2000, 20: 45-75.

138. Botion L.M., Kettelhut I.C., Migliorini R.H. - Reduced lipogenesis in rats fed a high protein, carbohydrate-free diet: participation of liver and four adipose depots. Braz J.Med. Biol. Res; 1992, 25: 419- 428.

139. Botion L.M., Brito M.N., Brito N. - Glucose contribution to in vivo synthesis of glyceride glycerol and fatty acids in rats adapted to a high protein carbohydrate free diet.Metabolism;1998, 47; 10:1217-1221.

140. Schmid H., Kettelhut I.C., Migliorini R.H. - Reduced lipogenesis in rats fed a high protein, carbohydrate-free diet. Metabolism; 1984, 33: 219- 233.

141. Brito M.N., Brito N.A., Migliorini R.H. - Thermogenic capacity of brown adipose tissue is reduced in rats fed a high protein diet, carbohydrate free diet. J. Nutr; 1992, 122: 2081- 2086.

142. Garlick P.G., McNurlan M.A., Patlak C.S. - Adaptation of protein metabolism in relation to limits to high dietary protein intake. Eur. J. Clin. Nutr; 1999, 53 suppl 1: S34-43.

143. Fritsche R., Bonzon., M. - Determination of cow milk formula allergenicity in the rat model by in vitro mast cell triggering and in vivo IgE induction. Switzerland: Int Arch Allergy Appl Immunol; 1990, 93; 4: 289-293.

144. Knippels L.M., Houben G.F., Spanhaak S., Penninks A.H- An oral sensitization model in brown Norway rats to screen for potential allergenicity of food proteins. Methods;1999, 19: 78-82.

145. Knippels L.M., Van Der Kleij H.P., Koppelman S.J., Houben G.F., Penninks A.H - Comparaison of antibody responses to hen's egg and cow's milk proteins in orally sensitized rats and food-allergic patient. Allergy ; 2000, 55: 251-258.

146. Weiner H.L. - Oral tolerance. Proc Natl Acad Sci USA; 1994, 91: 10762-10765.

147. Addou-Benounan S., Tome D., Kheroua O., Saidi D. – Parenteral immunization to β-lactoglobulin modifies the intestinal structure and mucosal electrical parameters in rabbit. International immunopharmacology; 2004, 4: 1559-1563.

148. Levine S, Saltzman A. - Distribution of small intestine lesions in anaphylaxis of rat.Int. Arch. Allergy.Immuno;1998,115:312-315.

149. Sakamoto Y., Ohtsuka T., Yoshida H., Ohto K., Onobori M., Matsumoto T., Likura Y., Morohoshi T. - Time course of changes in the intestinal permeability of food-sensitized rats after oral allergen challenge. Pediatr Allergy Immunol; 1998, 9:20-24.

150. Phillips A.D., Rice S.J., France N.E., Walker-Smith J.A. - Small intestinal intraepithelial lymphocyte level in cow's milk protein intolerance. Gut; 1979, 20; 6:509 - 512.

151. Hankard G.F., Matarazzo P., Duong J.P., Mougenot J.F., Navarro J., Cezard J.P., Peuchmaur M. - Increased T1A1 expressing intraepithelial lymphocytes in cow's milk protein intolerance. J pediatr. France: Gastroenterol. Nutr; 1997, 25; 1: 79-83.

152. Mowat A., Ferguson A. - Hypersensitivity in the small intestine.V. Induction of cell mediated immunity to a dietary antigen .Clin. Exp. Immunol; 1981, 574-582.

153. Jarry A., Cerf-Bensussan N., Brousse N., Selz F., Guy-grand D. - Subsets of CD3+ (T- cell receptor α /β or /δ and CD3- lymphocytes isolated from normal human gut epithelium display phenotypical features different from their counterparts in peripheral blood. Eur. J. Immunol; 1990, 20: 1097 - 1103.

154. Gee J.M., Wal J.M., Miller K., Atkinson H., Grigoriadou F., Wijnands M.V., Penninks A.H., Wortley G., Jhonson I.T. - Effet of saponin on the transmucosal passage of beta- lactoglobulin across the proximal small intestine of normal and beta-lactoglobulin-sensitised rats. Toxicology; 1997, 117; 2-3: 219-228.

155. Kaczmarski M.,Lisiecka M., Kurpatkowska B., Jastrzebska J. - Quantitative estimation of cellular infiltration of the small intestinal mucosa in children with cow's milk and gluten intolerance. Acta. Med. Pol; 1989, 30; 3-4 : 129-139.

156. Tremblay A - Nutritional determinants of the insulin resistance syndrom. Int. J.Obes; 1995, 19 suppl 1: S60-S68.

157. Storlien L.H., Higgins J.A., Thomas T.C. - Diet composition and insulin action in animal models. Br. J. Nutr; 2000, 83 suppl 1: S85-S90.

158. Field C.J., Ryan E.A., Thomson A.B., - Dietary fat and the diabetic state alter insulin binding and the fatty acyl composition of the adipocyte plasma membrane. Biochem. J; 1988, 253; 2: 417-424.

159. Kahn B.B., Pedersen O. - Suppression of glut 4 expression in skeletal muscle of rats that are obese from high fat feeding but not from high carbohydrate feeding or genetic obesity. Endocrinology; 1993, 132: 13-22.

160. Kim Y., Iwashita S., Tamura T. - Effect of high - fat diet on the gene expression of pancreatic glut 2 and glucokinase in rats. Biochem. Biophys. Res commun; 1995, 208: 1092-1098.

161.Wang J., Alexander J.T., Zheng P. - Behavorial and endocrine traits of obesity- prone and obesity resistant rats on ma cronutrient diets. Am. J. Physiol; 1998, 274: E1057-E1066.

162. Storlien L.H., Kraegen E.W., Jenkins A.B. - Effects of sucrose vs strach diets on in vivo insulin action thermogenesis and obesity in rats. Am. J. Clin. Nutr;1988, 47, 3: 420-427. Rats. Nutr,125, 6: 1430-1437.

163. Byrnes S.E., Miller J.C., Denyer G.S. - Amylopectin stach promotes the development of insulin resistance.1995.

164. Storlien L.H., Jenkins A.B. - Laboratory chow- induced insulin resistance a possible contributor to autoimmune type 1 diabetes in rodents diabetologia. 1996, 39, 5: 618-620.

165. Iritani N., Sugimoto T., Fukuda H. - Dietary soybean protein increases insulin receptor gene expression in wistar fatty rats when dietary polyunsaturated fatty acid level is low. J.Nutr; 1997, 127, 6: 1077-1083.

166. Opara E.C., Petro A., Tevrizian A. - Lglutamine supplementation of a high fat diet reduce body weight and attenuates hyperglycemia and hyperinsulinemia in C57BL/6J mice. J.Nutr,1996,126, 1: 273-279.

167. halaas J.L., Gajiwalaks., Maffei M. - Weight-reducing effects of the plasma protein encoded by the obese gene. Science; 1995, 269: 543-546.

168. Pelleymounter M.A., Cullen M.J., Baker M.B. - Effects of the obese gene product on body weight regulation in ob/ob mice. Science; 1995, 269: 540-543.

169. Sidney S., Lewis C.E., Hill J.O. - Association of total and central adiposity measures with fasting insulin in a biracial population of young adults with normal glucose tolerance. The cardia study.Obes. Res; 1999, 7, 3: 265-272.

170. Larue-Achagiotis C., Le Magnen J. - Insulin infusion during a nocturnal fast suppresses the subsequent day-time intake. Physiol. Behav; 1984, 33, 5: 719-722.

171. Iritani N., Sugimoto T., Fukuda H. - Dietary soybean protein increases insulin receptor gene expression in wistar fatty rats when dietary polyunsaturated fatty acid level is low. J. Nutr; 1997, 127: 1077-1083.

172. Geary N., Le Sauter J., Noh U. - Glucagon acts in the liver to control spontaneous meal size in rats. Am. J. Physiol; 1993, 264: R116-R122.

173. Matson C.A., Reid D.F., Cannon T.A. - Cholecystokinin and leptin act synergistically to reduce body weight. Am. J. Physiol; 2000, 278, 4: R882-R890.

174. Douglas B.R., Wouterson R.A., Jansen M.J. - The influence of different nutrients on plasma CCk levels in the rat. Experientia; 1988, 44: 21-23.

175. Green G.M., Levan V.H., Liddle R.A. - Plasma cholecystokinin and pancreatic growth during adaptation to dietary protein. Am, J. Physiol; 1986, 251: G70-74.

176. Covasa M., Marcison J.K., Ritter R.C. - Diminished satiation in rats exposed to elevated levels of endogenous cholecystokinin. Am. J. Physiol. Regul. Integr. Comp. Physiol; 2001, 280: R331-337.

177. Lowry O.H., Rosebough N.J., Farr A.L., Randal R.I. - Protein measurement whith folin phenol reagent. J. Biol. Chem; 1951, 193: 265-275.

Annexe des Photos Histologiques

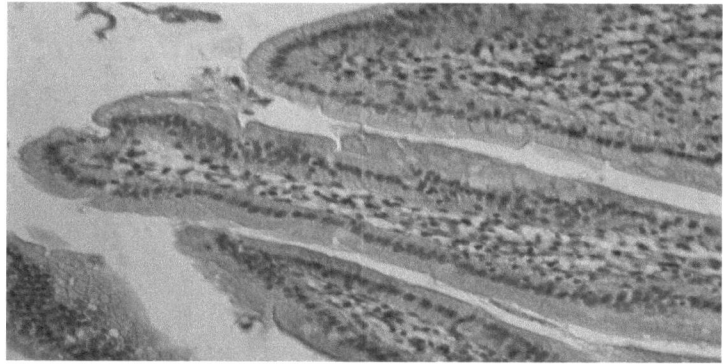

Figure 26: Observation d'un fragment jéjunal d'intestin de rat au microscope optique (G x 10) et coloré à l'hémalun-éosine.
Les fragments intestinaux proviennent d'un rat ayant consommé le régime à P14% PLT
L a muqueuse intestinale apparaît formée de nombreuses projections en doigts de gant: il s'agit des villosités séparés par les sillons intervilleux communiquant.

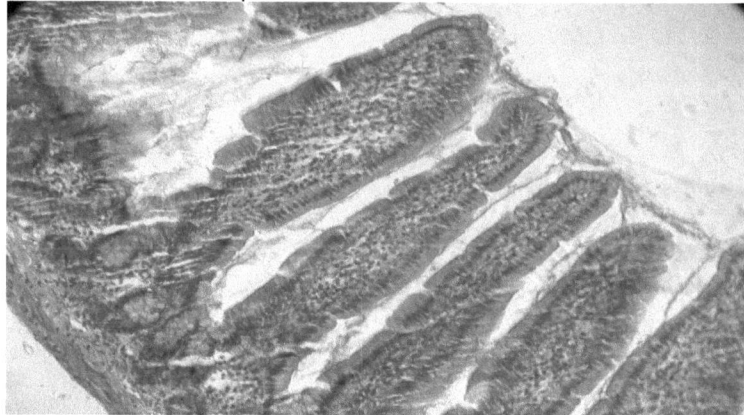

Figure 27: Observation d'un fragment jéjunal d'intestin de rat au microscope optique (G x 20) et coloré à l'hémalun-éosine.
Le fragment intestinal provient d'un rat ayant consommé le régime à P14% PLT
Ces villosités sont longues et fines bordées d'un épithélium simple unistratifié fait d'entérocytes cylindriques hauts avec des noyaux réguliers en position basale. L'infiltration lymphocytaire est peu marquée (coloration bleu foncé des lymphocytes).

Figure 28 : Observation d'un fragment jéjunal au microscope optique (G x 16) colorée à l'hémalun éosine.
Le fragment intestinal provient d'un rat ayant consommé un régime à P50% PLT
Les villosités intestinales sont raccourcies, déformées et élargies bordées par un épithélium pseudostratifié. L'infiltrat lymphocytaire au niveau du chorion est dense

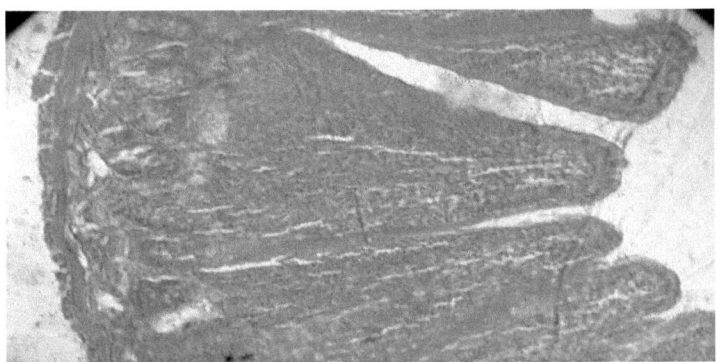

Figure 29 : Observation d'un fragment jéjunal au microscope optique (G x 20) colorée à l'hémalun-éosine.
Le fragment intestinal provient d'un rat ayant consommé un régime à P50% PLT
Les villosités intestinales sont raccourcies, déformées et élargies, l'infiltrat lymphocytaire est très prononcé.

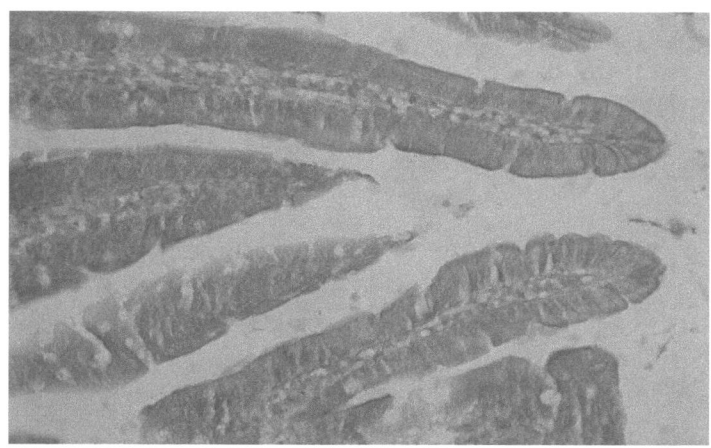

Figure 32: Observation d'un fragment jéjunal d'intestin de rat au microscope optique(G x 20) et coloré à l'hémalun-éosine.
Les fragments intestinaux proviennent d'un rat ayant consommé le régime à P14,5% protéine végétale (régime onab).
Ces villosités sont longues et fines bordées d'un épithélium simple unistratifié fait d'entérocytes
cylindriques hauts avec des noyaux réguliers en position basale. L'infiltration lymphocytaire est peu marquée.

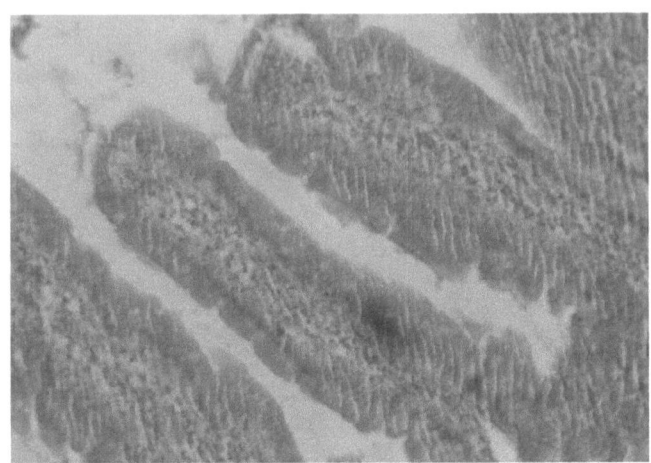

Figure 33 : Observation d'un fragment jéjunal au microscope optique (G x 20) colorée à l'hémalun-éosine
Le fragment intestinal provient d'un rat ayant consommé un régime à G50%

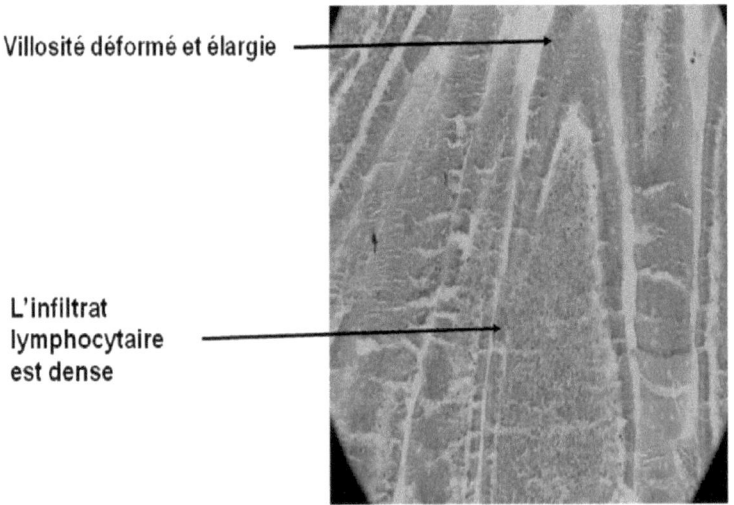

Villosité déformé et élargie

L'infiltrat lymphocytaire est dense

Figure 34: Observation d'un fragment jéjunal au microscope optique (G x 10) colorée à l'hémalun-éosine
Le fragment intestinal provient d'un rat ayant consommé un régime à S50% Les villosités intestinales sont déformées et élargies bordées par un épithélium pseudostratifiée. L'infiltrat lymphocytaire au niveau du chorion est dense

Oui, je veux morebooks!

i want morebooks!

Buy your books fast and straightforward online - at one of world's fastest growing online book stores! Environmentally sound due to Print-on-Demand technologies.

Buy your books online at
www.get-morebooks.com

Achetez vos livres en ligne, vite et bien, sur l'une des librairies en ligne les plus performantes au monde!
En protégeant nos ressources et notre environnement grâce à l'impression à la demande.

La librairie en ligne pour acheter plus vite
www.morebooks.fr

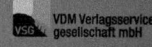

VDM Verlagsservicegesellschaft mbH
Heinrich-Böcking-Str. 6-8   Telefon: +49 681 3720 174   info@vdm-vsg.de
D - 66121 Saarbrücken   Telefax: +49 681 3720 1749 www.vdm-vsg.de

Printed by Books on Demand GmbH, Norderstedt / Germany